代替人工作的

徐先玲　靳轶乔　编著

U0212751

中国商业出版社

图书在版编目（CIP）数据

代替人工作的机器 / 徐先玲，靳轶乔编著 .—北京：
中国商业出版社，2017.11
ISBN 978-7-5208-0060-0

Ⅰ.①代… Ⅱ.①徐… ②靳… Ⅲ.①机器人—青少
年读物 Ⅳ.① TP242-49

中国版本图书馆 CIP 数据核字 (2017) 第 231693 号

责任编辑：常　松

中国商业出版社出版发行
010-63180647　www.c-cbook.com
（100053　北京广安门内报国寺 1 号）
新华书店经销
三河市同力彩印有限公司印刷
＊
710×1000毫米　16 开　12 印张　195 千字
2018 年 1 月第 1 版　2018 年 1 月第 1 次印刷
定价：35.00 元
＊ ＊ ＊ ＊
（如有印装质量问题可更换）

目录

contents

第三章 相濡以沫——机器人与人类

第一章

"新新人类"——机器人

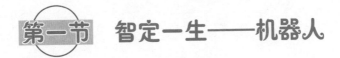

第一节　智定一生——机器人

1. 智能仿生——机器人

相信看过电影《变形金刚》的朋友对机器人都不会陌生，它们有着惊人的智能和巨大的破坏力。

那么在现实中，机器人到底是一种什么物体呢？

人们一般认为，机器人是自动执行工作的机器装置，它既可以接受人类指挥，又可以运行预先编排的程序，也可以根据以人工智能技术制定的原则纲领行动。它的任务是协助或取代人类的工作，例如工

▲　影视作品中的机器人

业生产、建筑施工，或
是危险的工作。

机器人可以说是整
合了控制论、机械电子、
计算机、材料和仿生学
的产物。目前在工业、
农业、医学甚至军事等
领域中均有重要用途。

现在，国际上对机
器人的概念逐渐趋近一
致。一般说来，人们都
接受的说法是：机器人
是靠自身动力和控制能
力来实现各种功能的一
种机器。

联合国标准化组织
则采纳了美国机器人协

▲ 机器人

会给机器人下的定义，认为：机器人是一种可编程和多功能的，用来
搬运材料、零件、工具的操作机或是为了执行不同的任务而具有可改
变和可编程动作的专门系统。

机器人能力的评价标准包括：智能，指感觉和感知，包括记忆、运算、比较、鉴别、判断、决策、学习和逻辑推理等；机能，指变通性、通用性或空间占有性等；物理能，指力、速度、连续运行能力、可靠性、联用性、寿命等。

因此，可以说机器人是具有生物功能的空间三维坐标机器，是地球上的"新人类"。

知识链接

为何机器人也会"生病"？

原来，机器人的行动都是由电脑来控制的。机器人的肚子里有许多十分复杂的电气、液压和机械装置，它们一起构成了机器人的控制与运动体系，其中的电器元件非常精密，稍不小心就会受电压冲击而损坏，这时整个系统会发生紊乱出现毛病，机器人也就"生病"了。

2. 以小见大——机器人的结构组成

机器人的结构也是很复杂的，一般由执行机构、驱动装置、检测装置和控制系统等组成。

执行机构

执行机构就是机器人的本体，它的臂部一般采用空间开链连杆结构，其中的运动副（转动副或移动副）常称为关节，关节个数通常作为机器人的自由度数。

根据关节配置运动坐标形式的不同，机器人执行机构可分为直角坐标式、圆柱坐标式、极坐标式和关节坐标式等类型。

出于拟人化的考虑，常将机器人本体的有关部位分别称为基座、腰部、臂部、腕部、手部（夹持器或末端执行器）和行走部（对于移动机器人）等。

驱动装置

驱动装置是驱使执行机构运动的机构，按照控制系统发出的指令信号，借助动力元件使机器人进行

动作。它输入的是电信号，输出的是线、角位移量。

机器人使用的驱动装置主要是电力驱动装置，如步进电机、伺服电机等，此外也有的采用液压、气动等驱动装置。

检测装置

检测装置的作用是实时检测机器人的运动及工作情况，根据需要反馈给控制系统，与设定信息进行比较后，对执行机构进行调整，以保证机器人的动作符合预定的要求。

作为检测装置的传感器大致可以分为两类：一类是内部信息传感器，用于检测机器人各部分的内部状况，如各关节的位置、速度、加速度等，并将所测得的信息作为反馈信号送至控制器，形成闭环控制。

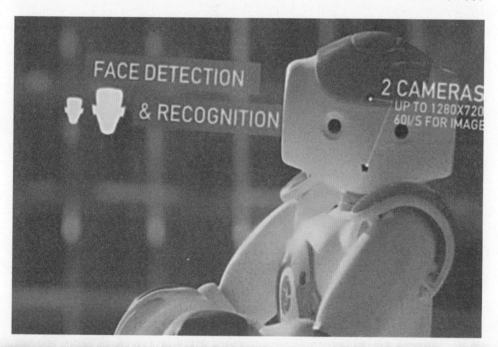

另一类是外部信息传感器，用于获取有关机器人的作业对象及外界环境等方面的信息，以使机器人的动作能适应外界情况的变化，使机器人达到更高层次的自动化，甚至使机器人具有某种"感觉"，向智能化发展。例如视觉、声觉等外部传感器给出工作对象、工作环境的有关信息，利用这些信息构成一个大的反馈回路，从而将大大提高机器人的工作精度。

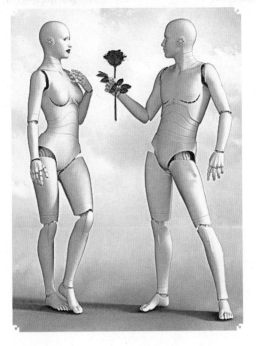

控制系统

控制系统有两种方式：一种是集中式控制，即机器人的全部控制由一台微型计算机来完成；另一种是分散（级）式控制，即采用多台微机来分担机器人的控制，如当采用上、下两级微机共同完成机器人的控制时，主机常用于负责系统的管理、通信、运动学和动力学计算，并向下级微机发送指令信息；作为下级从机，各关节分别对应一个CPU（计算机的核心，负责处理、运算计算机内部的所有数据），进行插补运算和伺服控制处理，实现给定的运动，并向主机反馈信息。

根据作业任务要求的不同，机器人的控制方式又可分为点位控制、

▲ 机器人的控制系统

连续轨迹控制和力（力矩）控制。

3.变形金刚——机器人的"身体"部件

（1）万能机械手——机器人的手

机器人要模仿动物的一部分行为特征，自然应该具有动物脑的一部分功能。机器人的大脑就是我们所熟悉的电脑，但是光有电脑发号施令还不行，最基本的还得给机器人装上各种感觉器官和执行器官。

机器人必须有"手"和"脚"，这样它才能根据电脑发出的"命令"动作。"手"和"脚"不仅是一个执行命令的机构，它还应该具有识别的功能，这就是我们通常所说的"触觉"。由于动物和人的听觉器

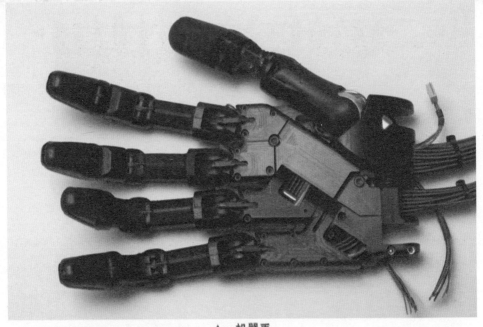

▲ 机器手

官和视觉器官并不能感受所有的自然信息，所以触觉器官就得以存在和发展。

　　动物对物体的软、硬、冷、热等的感觉靠的就是触觉器官。人在黑暗中看不清物体的时候，往往要用手去摸一下，才能弄清楚。大脑要控制手脚去完成指定的任务，也需要由手和脚的触觉所获得的信息反馈到大脑里以调节动作，使动作适当。因此，我们给机器人装上的手应该是一双会"摸"的、有识别能力的灵巧的"手"。

　　机器人的"手"一般由方形的手掌和节状的手指组成。为了使它具有触觉，在手掌和手指上都装有带弹性触点的触敏元件（如灵敏的弹簧测力计）。如果要感知冷暖，还可以装上热敏元件。当碰到物体时，触敏元件发出接触信号，否则就不发出信号。在各指节的连接轴上装有精巧的电位器（一种利用转动来改变电路的电阻因而输出电流信号的元件），它能把手指的弯曲角度转换成"外形弯曲信息"。把外形弯曲信息和各指节产生的"接触信息"一起送入电子计算机，通过计算就能迅速判断机械手所抓物体的形状和大小。

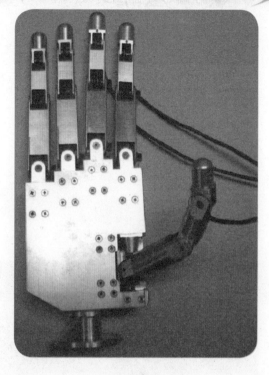

▲ 机器人灵巧的手

现在，机器人的手已经具有了灵巧的指、腕、肘和肩胛关节，能灵活自如地伸缩摆动，手腕也会转动弯曲。通过手指上的传感器还能感觉出抓握的东西的重量，可以说已经具备了人手的许多功能。

在实际情况中有许多时候并不一定需要这样复杂的多节人工指，而只需要能从各种不同的角度触及并搬动物体的钳形指。

1966 年，美国海军就是用装有钳形人工指的机器人"科夫"把因飞机失事掉入西班牙近海的一颗氢弹从深海里捞了上来。

　　1967 年，美国飞船"探测者三号"把一台遥控操作的机器人送上了月球。它在地球上人的控制下，可以在两平方米左右的范围里挖掘月球表面 40 厘米深处的土壤样品，并且放在规定的位置，还能对样品进行初步分析，如确定土壤的硬度、重量等，它为"阿波罗"载人飞船登月当了开路先锋。

▲　月球探测器

知识链接

你知道"阿波罗"载人飞船登月工程吗？

阿波罗载人登月工程是美国国家航空和航天局在20世纪60~70年代组织实施的载人登月工程，或称"阿波罗计划"。

阿波罗计划采用月球轨道交会法，用强大的土星五型运载火箭把50吨重的航天器送入月球轨道。航天器本身装有较小的火箭发动机，当它接近月球时，能使航天器减速进入绕月轨道。而且，航天器的一部分——装有火箭发动机的登月舱能脱离航天器，载着宇航员登上月球，并返回绕月轨道与阿波罗航天器结合。

"阿波罗"载人飞船登月工程开始于1961年5月，至1972年12月第6次登月成功结束，历时约11年，耗资255亿美元。在工程高峰时期，参加工程的有2万家企业、200多所大学和80多个科研机构，总人数超过30万人。

▲ "阿波罗"载人飞船登月照片

（2）智慧视窗——机器人的眼睛

人的眼睛是感觉之窗，人有 80% 以上的信息是靠视觉获取，能否造出"人工眼"让机器也能像人那样识文断字、看东西，这是智能自动化的重要课题，也就是机器人的识别系统。

关于机器识别的理论、方法和技术，称为模式识别。所谓模式是指被判别的事件或过程，它可以是物理实体，如文字、图片等，也可以是抽象的虚体，如气候等。

▲ 机器人的眼睛

机器识别系统与人的视觉系统类似，由信息获取、信息处理与特征抽取、判决分类等部分组成。

机器认字

日常生活中，信件投入邮筒需经过邮局工人分拣后才能发往各地。一人一天只能分拣两千到三千封信，现在采用机器分拣，可以提高效率 10 多倍。机器认字的原理与人认字的过程大体相似。

机器人先对输入的邮政编码进行分析，并抽取特征。若输入的是个 "8" 字，其特征是底下有个圈，左上部有一直道或带拐弯。

其次是对比，即把这些特征与机器里原先规定的 0 到 9 这十个符号的特征进行比较，与哪个数字的特征最相似，就是哪个数字。这一类型的识别实质上叫分类，在模式识别理论中，这种方法叫做统计识别法。

机器人认字的研究成果除了用于邮政系统外，还可用于手写程序直接输入、政府办公自动化、银行审计、统计、自动排版等方面。

机器识图

现有的机床加工零件完全靠操作者看图纸来完成，能否让机器人来识别图纸呢？这就是机器识图问题。

机器识图的方法除了上述的统计方法外，

▲　日本第一台可做圆弧切削加工的 CNC 数控机床

还有语言法。它是利用人认识过程中视觉和语言的联系而建立的。把图像分解成一些直线、斜线、折线、点、弧等基本元素，研究它们是按照怎样的规则构成图像的，即从结构入手，检查待识别图像是属于哪一类"句型"，是否符合事先规定的句法。按这个原则，若句法正确就能识别出来。

机器识图具有广泛的应用领域，在现代的工业、农业、国防、科学实验和医疗中，涉及大量的图像处理与识别问题。

机器识别物体

机器识别物体即三维识别系统。一般是以电视摄像机作为信息输入系统。根据人识别景物主要靠明暗信息、颜色信息、距离信息等原理，机器识别物体的系统也是输入这三种信息，只是其方法有所不同罢了。由于电视摄像机所拍摄的方向不同，可得各种图形，如抽取出棱数、顶点数、平行线组数等立方体的共同特征，参照事先存储在计算机中的物体特征表，便可以识别立方体了。

目前，机器可以识别简单形状的物体，对于曲面物体、电子部件等复杂形状的

▲ 索尼摄像机

物体识别及室外景物识别等研究工作，也有所进展。物体识别主要用于工业产品外观检查、工件的分选和装配等方面。

（3）人造嗅觉——机器人的鼻子

人能够嗅出物质的气味，分辨出周围物质的化学成分，这全是由上鼻道的黏膜部分实现的。在人体鼻子的这个区域，在只有 5 平方厘米的面积上却分布有 500 万个嗅觉细胞。嗅觉细胞受到物质的刺激，产生神经脉冲传送到大脑，就产生了嗅觉。人的鼻子实际上就是一部十分精密的气体分析仪。

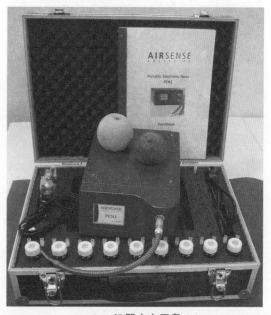

▲ 机器人电子鼻

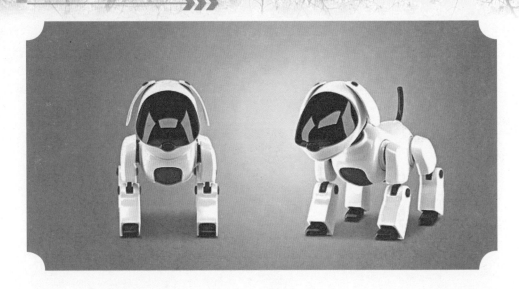

人的鼻子是相当灵敏的，就算在一升水中放进二百五十分之一的乙硫醇（一种特殊的具有异常臭味的化学物质），人的鼻子也能够闻出来。

机器人的鼻子也就是用气体自动分析仪做成的。我国已经研制成功了一种嗅敏仪，这种气体分析仪不仅能嗅出丙酮、氯仿等四十多种气体，还能够嗅出人闻不出来但是却可以导致人死亡的一氧化碳（也就是我们通常所用的煤气）。这种嗅敏仪有一个由二氧化锡和氯化钯等物质烧结而成的探头（相当于鼻黏膜）。当它遇到某些种类气体的时候，它的电阻就发生

▲ 机器人的头部

变化，这样就可以通过电子线路做出相应的显示，用光或者用声音报警。同时，用这种嗅敏仪还可以查出埋在地下的管道漏气的位置。

现在利用各种原理制成的气体自动分析仪已经有很多种类，广泛应用于检测毒气、分析宇宙飞船座舱里的气体成分、监察环境等方面。

这些气体分析仪的原理和显示都和电现象有关，所以人们把它叫做电子鼻。把电子鼻和电子计算机组合起来，就可以做成机器人的嗅觉系统了。

（4）高人一等——机器人的耳朵

人的耳朵是仅次于眼睛的感觉器官，声波叩击耳膜，引起听觉神经的冲动，冲动传给大脑的听觉区，因而引起人的听觉。机器人的耳朵通常是用"微音器"或录音机来做的。被送到太空去的遥控机器人，它的耳朵本身就是一架无线电接收机。

人的耳朵是十分灵敏的，我们能听

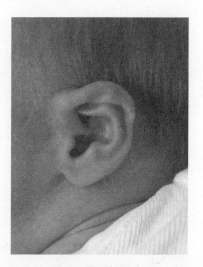

▲ 婴儿的耳朵

到的最微弱的声音，它对耳膜的压强是每平方厘米只有一百亿分之几千克。这个压强的大小只是大气压强的一百亿分之几。可是用一种叫做钛酸钡的压电材料做成的"耳朵"，比人的耳朵更为灵敏，即使是火柴棍那样细小的东西反射回来的声波也能被它"听"得清清楚楚。如果用这样的耳朵来监听粮库，那么在2~3千克的粮食里的一条小虫爬动的声音也能被它准确地"听"出来。

用压电材料做成的"耳朵"之所以能够听到声音，是因为压电材料在受到拉力或者压力作用的时候能产生电压，这种电压能使电路发生变化。这种特性就叫做压电效应。当它在声波的作用下不断被拉伸或压缩的时候，就产生了随声音信号变化而变化的电流，这种电流经过放大器放大后送入电子计算机（相当于人大脑的听区）进行处理，机器人就能听到声音了。

但是能听到声音只是做到了第一步，更重要的是要能识别不同的声音。目前人们已经研制成功了能识别连续话音的装置，它能够以99%的比率，识别不是特别指定的人所发出的声音，这项技术就使得电子计算机能开始"听话"了。这将大大降低对电子计算机操作人员的特殊要求。操作人员可以用嘴直接向电子计

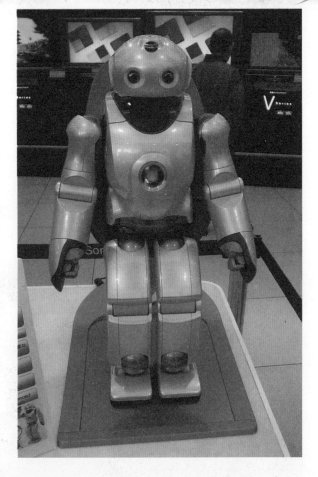

算机发布指令，改变了人在操作机器的时候手和眼睛忙个不停。而与此同时嘴巴和耳朵却是闲着的状况。

一个人可以用声音同时控制四面八方的机器，还可以对楼上楼下的机器同时发出指令，而且并不需要照明，这样就很适合在夜间或地下工作。这项技术也大大加速了电话的自动回答、车票的预订以及资料查找等服务工作的自动化实现的进程。

现在人们还在研究使机器人能通过声音来鉴别人的心理状态，人们希望未来的机器人不光能够听懂人说的话，还能够理解人的喜悦、愤怒、惊讶、犹豫等情绪，这些都会给机器人的应用带来极大的发展空间。

知识链接

为什么机器人能听懂人讲的话？

机器人之所以能够听懂人讲话，是因为人们为它安装了像人那样的"听觉器官"。虽然机器人的"听觉"没有人的耳朵那样精密和复杂，但是两者的听觉原理基本上是相同的。

机器人的"耳朵"实际上是靠电脑系统来控制的，并且与机器人的"大脑"——即核心电脑程序相连接，在人们事先编排好的程序指令的指引下进行工作。但是机器人的"听觉"能力并不是万能的，它只是能够根据人们的程序设计进行相应的工作，并不像人脑那样有自己分析事物的能力。

第二节　追古溯今——机器人发展史

■ 1.历史印迹——古代机器人

　　机器人一词的出现和世界上第一台工业机器人的问世都是近几十年的事。然而人们对机器人的幻想与追求却已有几千年的历史。人类希望制造一种像人一样的机器，以便代替人类完成各种工作。

　　西周时期，我国的能工巧匠偃师就研制出了能歌善舞的伶人，这是我国最早记载的机器人。春秋后期，我国著名的木匠鲁班，在机械方面也是一位发明家，据《墨经》记载，他曾制造过一只木鸟，能在空中飞行"三日不下"。东汉的张衡不仅发明了地动仪，而且发明了计里鼓车。计里鼓车每行一里，车上木人击鼓一下，每行十里击钟一下。三国时期，蜀国丞相诸葛亮成

▲　鲁班

▲ 张衡

功地创造出了"木牛流马"，并用它运送军粮，支援前方战争。

公元前2世纪，亚历山大时代的古希腊人发明了最原始的机器人——自动机，它是以水、空气和蒸汽压力为动力的会动的雕像，它可以自己开门，还可以借助蒸汽唱歌。

1662年，日本的竹田近江利用钟表技术发明了自动机器玩偶，并在大阪的道

▲ 张衡发明的地动仪

顿堀演出。1738 年，法国天才技师杰克·戴·瓦克逊发明了一只机器鸭，它会嘎嘎叫，会游泳和喝水，还能进食和排泄。

在当时的自动玩偶创造者中，最杰出的要数瑞士的钟表匠杰克·道罗斯和他的儿子利·路易·道罗斯。1773 年，他们连续推出了自动书写玩偶、自动演奏玩偶等，他们创造的自动玩偶是利用齿轮和发条原理而制成的。它们有的拿着画笔和颜色绘画，有的拿着鹅毛蘸墨水写字，结构巧妙，服饰华丽，在欧洲风靡一时。

进入 20 世纪后，机器人的研究与开发得到了更多人的关心与支持，一些适用的机器人相继问世，机器人的发展进入了新纪元。

你知道"木牛流马"吗?

木牛流马是一种木制的带有货运功能的人力步行式运输器具。

木牛流马的出现最远可追溯到春秋末期。史料记载:鲁国木匠名师鲁班就为他的老母亲制作过一台"木车马",而且有"机关俱备,一驱不还"的功能。但最著名的要数三国时期蜀国丞相诸葛亮发明的"木牛流马",蜀军用它在崎岖的栈道上运送军粮,"人不大劳,牛不饮食"。

▶ 2.承前启后——现代机器人 ◀

现代机器人的研究始于20世纪中期,其技术背景是计算机和自动化的发展,以及原子能的开发利用。自1946年第一台数字电子计算机问世以来,计算机取得了惊人的进步,向高速度、大容量、低价格的方向发展。

1920年捷克斯洛伐克作家卡雷尔·恰佩克在他的科幻小说《罗萨姆的机器人万能公司》中,根据Robota(捷克文,原意为"劳役、苦工")和Robotnik(波兰文,原意为"工人"),创造出"机器人"这个词。

▲ 第一台数字电子计算机问世

1939年美国纽约世博会上展出了西屋电气公司制造的家用机器人——"Elektro"。它由电缆控制，可以行走，会说77个单词，甚至可以抽烟，不过离真正干家务活还差得很远，但它让人们对家用机器人的憧憬变得更加具体。

1942年美国科幻巨匠阿西莫夫提出"机器人三定律"。虽然这只是科幻小说里的创造，但后来成为学术

▲ 阿西莫夫

▲ **诺伯特·维纳**

界默认的研发原则。1948年诺伯特·维纳出版《控制论》，阐述了机器中的通信和控制机能与人的神经、感觉机能的共同规律，率先提出以计算机为核心的自动化工厂。

1954年美国人乔治·德沃尔制造出世界上第一台可编程的机器人，并注册了专利。这种机械手能按照不同的程序从事不同的工作，因此具有通用性和灵活性。1956年在达特茅斯会议上，马文·明斯基提出了他对智能机器的看法：智能机器"能够创建周围环境的抽象模型，如果遇到问题，能够从抽象模型中寻找解决方法"。这个定义影响到以后30年智能机器人的研究方向。

1959年德沃尔与美国发明家约瑟夫·英格伯格联手制造出第一台工业机器人。随后，他们成立了世界上第一家机器人制造工厂——Unimation公司。由于英格伯格对工业机器人的研发和宣传，他也被称为"工业机器人之父"。

1962年美国AMF公司生产出"VERSTRAN"（意思是万能搬运），与Unimation公司生产的Unimate一样成为真正商业化的工业机器人，并出口到世界各地，掀起了全世界对机器人和机器人研究的热潮。

1962~1963 年传感器的应用提高了机器人的可操作性。人们试着在机器人上安装各种各样的传感器,包括 1961 年恩斯特采用的触觉传感器,托莫维奇和博尼 1962 年在世界上最早的"灵巧手"上用到了压力传感器。

而麦卡锡 1963 年则开始在机器人中加入视觉传感系统,并在 1965 年帮助美国麻省理工学院推出了世界上第一个带有视觉传感器,能识别并定位积木的机器人系统。

1965 年约翰·霍普金斯大学应用物理实验室研制出"Beast"机器人。Beast 已经能通过声纳系统、光电管等装置,根据环境校正自己的位置。

▲ 世界上第一台工业机器人

20世纪60年代中期开始，美国麻省理工学院、斯坦福大学、英国爱丁堡大学等陆续成立了机器人实验室。美国兴起研究第二代传感器、"有感觉"的机器人，并向人工智能方向进发。

1968年美国斯坦福研究所公布他们研发成功的机器人——"Shakey"。它带有视觉传感器，能根据人的指令发现并抓取积木，不过控制它的计算机有一个房间那么大。Shakey可以算是世界第一台智能机器人，由此拉开了第三代机器人研发的序幕。

1969年日本早稻田大学加藤一郎实验室研发出第一台以双脚走路的机器人。加藤一郎长期致力于研究仿人机器人，被誉为"仿人机器人之父"。日本专家一向以研发仿人机器人和娱乐机器人的技术见长，后来更进一步，催生出本田公司的ASIMO和索尼公司的QRIO。

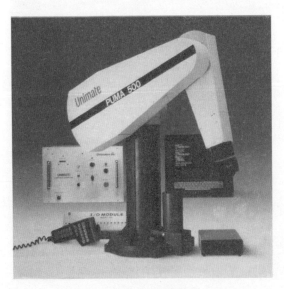

▲ 机器人 "PUMA"

1973年，世界上第一次机器人和小型计算机携手合作，就诞生了美国Cincinnati Milacron公司的机器人——"T3"。

1978年美国Unimation公司推出通用工业机器人——"PUMA"，这标志着工业机器人技术已经完全成熟。

1984 年英格伯格再次推出机器人——"Helpmate"，这种机器人能在医院里为病人送饭、送药、送邮件。同年，他还预言："我要让机器人擦地板、做饭，出去帮我洗车，检查安全。"

1998 年丹麦乐高公司推出机器人套件，让机器人制造变得跟搭积木一样，相对简单又能任意拼装，使机器人开始走入个人世界。

1999 年日本索尼公司推出犬型机器人——"爱宝"，当即销售一空，从此娱乐机器人迈进普通大众家庭。

▲ 机器人"爱宝"

2002 年 美 国 iRobot 公司推出了吸尘器机器人——"Roomba"，它能避开障碍，自动设计行进路线，还能在电量不足时，自动驶向充电座。Roomba 是目前世界上销量最大、最商业化的家用机

▲ 机器人"Roomba"

器人。

2006 年 6 月，微软公司推出 Microsoft Robotics Studio，机器人模块化、平台统一化的趋势越来越明显。比尔·盖茨预言，家用机器人很快将席卷全球。

知识链接

人类为什么要发展机器人？

简单来说，人类发展机器人主要有三个方面的理由：1.机器人要干人不愿意干的事，把人从有毒的、有害的、高温的或危险的环境中解放出来。2.机器人可以干人不好干的活，比方说在汽车生产线上，我们看到工人天天拿着一百多千克的焊钳，一天焊几千个点。就重复性的劳动而言，一方面人很累，但是产品的质量仍然很低。3.机器人干人干不了的活。比方说人们对太空的认识，人上不去的时候，就用机器人上天、上月球以及到海洋，进入到人体的小机器人，还有在微观环境下，对原子分子进行搬迁的机器人，都是人类不可达的工作。上述方面的三个问题，也就是机器人发展的三个理由。

第二章

种类繁杂——
机器人的分类

在科幻小说之中，人们对机器人做出了千奇百怪的幻想。也许正是由于机器人定义的模糊，才给了人们充分想象和创造的空间。

机器人种类繁多，可以从不同的角度对其进行分类，如机器人的结构形式、控制方式、信息输入方式、智能程度、用途、移动性等，因此，国际上没有制定统一的标准。

我国的机器人专家从应用环境出发，将机器人分为两大类，即工业机器人和特种机器人。

所谓工业机器人就是面向工业领域的多关节机械手或多自由度机器人。而特种机器人则是除工业机器人之外的、用于非制造业并服务于人类的各种先进机器人，包括：服务机器人、水下机器人、娱乐机

器人、军用机器人、农业机器人、机器人化机器等。

在特种机器人中，有些分支发展很快，有独立成体系的趋势，如服务机器人、水下机器人、军用机器人、微操作机器人等。

目前，国际上的机器人学者从应用环境出发将机器人也分为两类：制造环境下的工业机器人和非制造环境下的服务与仿人型机器人，这和我国机器人的分类基本上是一致的。

▲ 电影中的机器人

生产能手——工业机器人

在一些发达国家的现代化工厂车间中，工业机器人得到了广泛的应用，它们对于提高劳动生产率和增加企业的效益，作出了巨大的贡献。

工业机器人是广泛适用的能够自主动作，且多轴联动的机械设备。它们在必要情况下配备有传感器，其动作步骤包括灵活的转动都是可编程控制的（即在工作过程中，无须任何外力的干预）。它们通常配

备有机械手、刀具或其他可装配的加工工具，以及能够执行搬运操作与加工制造的任务。

工业机器人在工业生产中能代替人做某些单调、频繁和重复的长时间作业或是危险、恶劣环境下的作业，如在冲压、压力铸造、热处理、焊接、涂装、塑料制品成型、机械加工和简单装配等工序上。

同时在原子能工业等部门中，工业机器人可以完成对人体有害物料的搬运或工艺操作。

20世纪50年代末，美国在机械手和操作机的基础上，采用伺服机构和自动控制等技术，研制出有通用性的独立的工业用自动操作装置，并将其称为工业机器人；60年代初，美国研制成功了两种工业机器人，并很快地在工业生产中得到应用；1969年，美国通用汽车公司用21台工业机器人组成了焊接轿车车身的自动生产线。此后，各工业发达国家都开始了对研制和应用工业机器人的重视。

由于工业机器人具有一定的通用性和适应性，能适应多品种、小批量的生产。所以从20世纪70年代起，工业机器人常与数字控制机床结合在一起，成为柔性制造单元或柔性制造系统的组成部分。

■ 1. 工业机器人的构造与分类 ■

工业机器人由主体、驱动系统和控制系统三个基本部分组成。

主体即机座和执行机构，包括臂部、腕部和手部，有的机器人还有行走机构。大多数工业机器人有 3~6 个运动自由度，其中腕部通常有 1~3 个运动自由度。驱动系统包括动力装置和传动机构，用以使执行机构产生相应的动作；控制系统是按照输入的程序对驱动系统和执行机构发出指令信号，并进行控制。

工业机器人按臂部的运动形式分为四种：直角坐标型的臂部可沿三个直角坐标移动；圆柱坐标型的臂部可作升降、回转和伸缩动作；球坐标型的臂部能回转、俯仰和伸缩；关节型的臂部有多个转动关节。

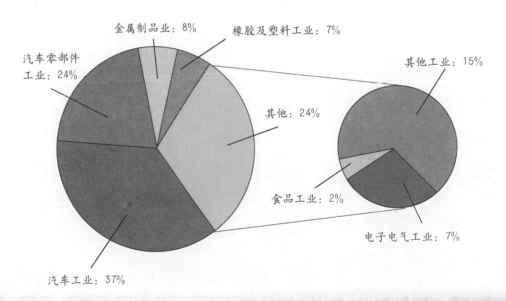

金属制品业: 8%　橡胶及塑料工业: 7%　其他工业: 15%

汽车零部件工业: 24%

其他: 24%

食品工业: 2%

电子电气工业: 7%

汽车工业: 37%

　　工业机器人按执行机构运动的控制机能，又可分点位型和连续轨迹型。点位型只控制执行机构由一点到另一点的准确定位，适用于机床上下料、点焊和一般搬运、装卸等作业；连续轨迹型可控制执行机构按给定轨迹运动，适用于连续焊接和涂装等作业。

　　工业机器人按程序输入方式区分有编程输入型和示教输入型两类。编程输入型是以穿孔卡、穿孔带或磁带等信息载体，输入已编好的程序。

　　示教输入型的示教方法有两种：一种是由操作者用手动控制器（示教操纵盒），将指令信号传给驱动系统，使执行机构按要求的动作顺

▲　工业机器人

序和运动轨迹操演一遍；另一种是由操作者直接领动执行机构，按要求的动作顺序和运动轨迹操演一遍。在示教过程的同时，工作程序的信息自动存入程序存储器中。在机器人自动工作时，控制系统从程序存储器中检出相应信息，将指令信号传给驱动机构，使执行机构再现示教的各种动作。

具有触觉、力觉或简单的视觉的工业机器人，能在较为复杂的环境下工作；如果具有识别功能或更进一步增加自我适应、自我学习功能，就成为了智能型工业机器人。它能按照人给的指令自选或自编程序去适应环境，并自动完成更为复杂的工作。

■ 2. 我国的工业机器人产业 ■

我国工业机器人起步于20世纪70年代初期，经过20多年的发展，大致经历了三个阶段：70年代的萌芽期、80年代的开发期和90年代的发展期。

20世纪70年代是世界科技发展的一个里程碑：人类登上了月球，

实现了金星、火星的软着陆。我国也发射了人造卫星。世界上工业机器人应用掀起一个高潮，尤其在日本发展得更为迅猛，它补充了日益短缺的劳动力。在这种背景下，我国于 1972 年开始研制自己的工业机器人。

进入 80 年代后，随着改革开放的不断深入，高技术浪潮的冲击使我国机器人技术的开发与研究得到了政府的重视与支持。"七五"期间，国家投入资金，对工业机器人及其零部件进行攻关，完成了示教再现式工业机器人成套技术的开发，研制出了喷涂、点焊、弧焊和搬运机器人。1986 年国家高技术研究发展计划（"863"计划）开始实施，智能机器人主题跟踪世界机器人技术的前沿，经过几年的研究，

▲　工业机器人

取得了一大批科研成果，成功地研制出了一批特种机器人。

从20世纪90年代初期起，我国的工业机器人研究取得长足进步，先后研制出了点焊、弧焊、装配、喷漆、切割、搬运、包装码垛等各种用途的工业机器人，并实施了一批机器人应用工程，形成了一批机器人产业化基地，为我国机器人产业的腾飞奠定了基础。

■ 3.工业机器人的应用 ■

（1）流水线"蓝领"——装配机器人

装配机器人是为完成装配作业而设计的工业机器人。

装配机器人是柔性自动化装配系统的核心设备，由机器人操作机、控制器、末端执行器和传感系统组成。其中，操作机的结构类型有水平关节型、直角坐标型、多关节型和圆柱坐标型等；控制器一般采用多CPU（计算机的中央处理器）或多级计算机系统，实现运动控制和运动编程；末端执行器为适应不同的装配对象而

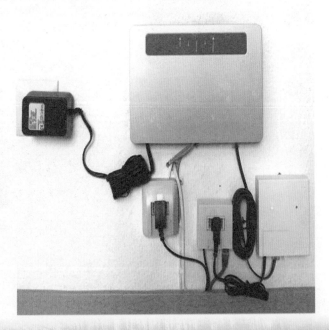

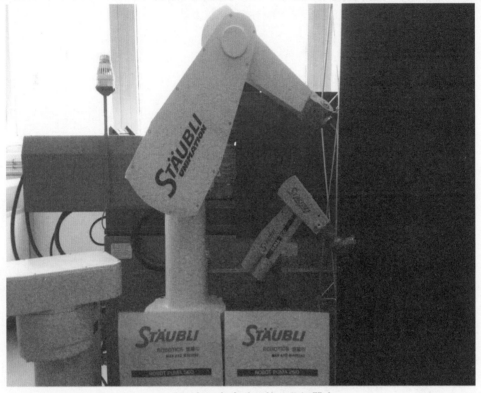

▲　可以加工复杂孔系的工业机器人

设计成各种手爪和手腕等；传感系统用来获取装配机器人与环境和装配对象之间相互作用的信息。

常用的装配机器人主要有可编程通用装配操作手，即"PUMA"机器人（最早出现于1978年，工业机器人的祖始）和平面双关节型机器人（即SCARA机器人）两种类型。

与一般工业机器人相比，装配机器人具有精度高、柔顺性好、工作范围小、能与其他系统配套使用等特点，主要用于各种电器制造，包括家用电器（如电视机、录音机、洗衣机、电冰箱、吸尘器）、小型电机、汽车及其部件、计算机、玩具、机电产品及其组件的装配等方面。

1978 年，美国的 Unimation 公司（现在叫 Staubli Unimation）推出通用工业机器人"PUMA"，标志着工业机器人技术已经完全成熟。

以 PUMA 560 为例，其所确定的关节式机器人的几何模型、一般工业机器人的安全保障措施、机器人的初始化以及初始校准过程等技术，在工业机器人制造领域一直都得到应用。

PUMA 560 型工业机器人，由 PUMA 560 机械手臂、控制器、示教盒和控制软件等组成。

SCARA（选择顺应性装配机器手臂）是一种圆柱坐标型的特殊类型的工业机器人。

1978 年，日本山梨大学牧野洋发明了 SCARA，该机器人具有四个轴和四个运动自由度（包括 X、Y、

▲ 工业机器人（SCARA）

Z 方向的平动自由度和绕 Z 轴的转动自由度）。该系列的操作手在其动作空间的四个方向具有有限刚度，而在剩下的其余两个方向上具有无限大刚度。

　　SCARA 系统在 X、Y 方向上具有顺从性，而在 Z 轴方向具有良好的刚度，这一特性特别适合于装配工作，例如将一个圆头针插入一个圆孔，因此 SCARA 系统首先大量用于装配印刷电路板和电子零部件。

　　SCARA 的另一个特点是它串接的两杆结构，类似人的手臂，可以伸进有限空间中作业然后收回，适合于搬动和取放物件，如集成电路板等。

　　如今 SCARA 机器人还广泛应用在塑料工业、汽车工业、电子产品工业、药品工业和食品工

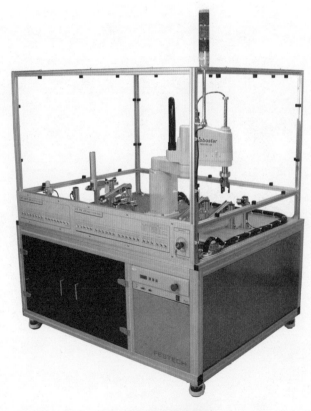

▲ SCARA 操作系统

业等领域。它的主要职能是搬取零件和装配工作，它的第一个轴和第二个轴具有转动特性，第三和第四个轴可以根据工作需要的不同，制造成相应多种不同的形态，并且一个具有转动、另一个具有线性移动的特性。由于其具有特定的形状，决定了其工作范围类似于一个扇形区域。

SCARA 机器人可以被制造成各种大小，最常见的工作半径在100~1000 毫米，此类的 SCARA 机器人的净载重量在 1~200 千克。

知识链接

你知道我国的"精密1号"装配机器人吗？

精密 1 号装配机器人是我国国家"863"计划智能机器人主题立项研制的一台 SCARA 结构的 4 轴装配机器人型号样机。

精密 1 号装配机器人采用直接驱动技术，具有较高的运动速度和定位精度，并且配有高性能的视觉和力觉传感器，控制系统以英特尔公司的"iSBC386/12"系列计算机和"iRMX Ⅲ"实时多任务操作系统为基础，采用上、下两级分布式计算机结构。控制系统除具有一般的机器人控制器的功能外，还具有用户多任务编程、可基于视觉和力觉传感器信息控制、离线编程和图形动画仿真等特性。

（2）车间"熟练工"——喷漆机器人

喷漆机器人是可进行自动喷漆或喷涂其他涂料的工业机器人。中国研制出的几种型号的喷漆机器人投入使用后都取得了较好的经济效果。

喷漆机器人主要由机器人本体、计算机和相应的控制系统组成，液压驱动的喷漆机器人还包括液压油源，如油泵、油箱和电机等。

喷漆机器人多采用5或6自由

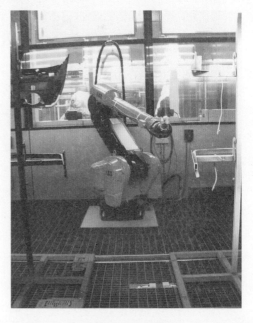

▲ 喷漆工业机器人

度关节式结构，手臂有较大的运动空间，并可做复杂的轨迹运动，其腕部一般有 2~3 个自由度，可灵活运动。较先进的喷漆机器人腕部采用柔性手腕，既可向各个方向弯曲，又可转动，其动作类似人的手腕，能方便地通过较小的孔伸入工件内部，喷涂其内表面。

喷漆机器人一般采用液压驱动，这种驱动具有动作速度快、防爆性能好等特点，可通过手把手示教或点位示教来实现示教。

喷漆机器人被广泛应用在汽车、仪表、电器、搪瓷等工艺生产部门。

知 识 链 接

为什么要用喷漆机器人来代替传统的工人呢？

在喷漆行业，为了避免人在有毒、易燃、易爆的恶劣环境下工作，减少喷漆废品，提高喷漆质量和劳动生产率，从而实现喷漆自动化，因此喷漆机器人应运而生。

大多数喷漆机器人采用液压多关节式，主要是为保证喷漆环境下的工作安全，严禁采用易产生电火花的电器设备。

（3）工业"裁缝"——焊接机器人

焊接机器人是从事焊接（包括切割与喷涂）的工业机器人。

　　随着电子技术、计算机技术、数控及机器人技术的发展，焊接机器人的技术已日益成熟，优点日益突出：稳定，提高了焊接质量；提高劳动生产率；改善了工人劳动强度，可在有害环境下工作；降低了对工人操作技术的要求；缩短了产品改型换代的准备周期，减少了相应的设备投资。

　　因此，焊接机器人在各行各业已得到了广泛的应用。

　　焊接机器人主要包括机器人和焊接设备两部分。机器人由机器人本体和控制柜（硬件及软件）组成。而焊接装备，以弧焊及点焊为例，则由焊接电源、送丝机（弧焊）、焊枪（钳）等部分组成。对于智能机器人而言，还应有传感系统，如激光或摄像传感器及其控制装置等。

▲　焊接工业机器人

焊接机器人目前已广泛应用在汽车制造业，如汽车底盘、座椅骨架、导轨、消声器以及液力变矩器等的焊接，尤其在汽车底盘焊接生产中得到了广泛的应用。

①手艺高超——弧焊机器人

弧焊机器人是用于进行自动弧焊的工业机器人。弧焊机器人的组成和原理与点焊机器人基本相同，中国在20世纪80年代中期研制出华宇—Ⅰ型弧焊机器人。

一般的弧焊机器人是由示教盒、控制盘、机器人本体及自动送丝装置、焊接电源等部分组成。

弧焊机器人可以在计算机的控制下实现连续轨迹控制和点位控制，还可以利用直线插补和圆弧插补功能焊接由直线及圆弧所组成的空间焊缝。

▲ 弧焊机器人

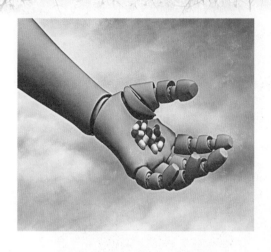

弧焊机器人主要有熔化极焊接作业和非熔化极焊接作业两种类型，具有可长期进行焊接作业、保证焊接作业的高生产率、高质量和高稳定性等特点。随着技术的发展，弧焊机器人正向着智能化的方向发展。

②技术过硬——点焊机器人

点焊机器人是用于点焊自动作业的工业机器人。世界上第一台点焊机在1965年开始使用，是美国Unimation公司推出的Unimate机器人。中国在1987年自行研制成第一台点焊机器人——华宇—Ⅰ型点焊机器人。

点焊机器人由机器人本体、计算机控制系统、示教盒和点焊焊接系统几部分组成，由于为了适应灵活动作的工作要求，通常点焊机器人选用关节式工业机器人的基本设计，一般具有六个自由度：腰转、大臂转、小臂转、腕转、腕摆及腕捻。

点焊机器人的驱

▲ 点焊工业机器人

动方式有液压驱动和电气驱动两种。其中电气驱动具有保养维修简便、能耗低、速度高、精度高、安全性好等优点，因此应用较为广泛。

点焊机器人按照示教程序规定的动作、顺序和参数进行点焊作业，其过程是完全自动化的，并且具有与外部设备通信的接口，可以通过这一接口接受上一级主控与管理计算机的控制命令进行工作。

使用点焊机器人最多的领域应当属汽车车身的自动装配车间。

▲ 点焊钳

知 识 链 接

工业中应用焊接机器人有什么意义？

　　焊接机器人之所以能够占据整个工业机器人总量的40%以上，与焊接这个特殊的行业有关，焊接作为工业"裁缝"，是工业生产中非常重要的加工手段，同时由于焊接烟尘、弧光、金属飞溅的存在，焊接的工作环境又非常恶劣，焊接质量的好坏对产品质量起着决定性的影响。

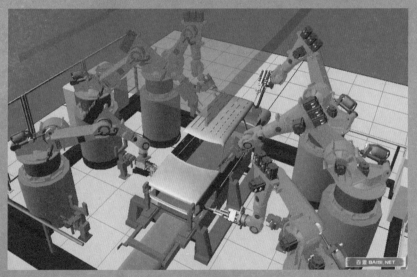

▲　机器人焊接模拟图

　　（1）稳定和提高焊接质量，保证其均一性。焊接参数如焊接电流、电压、焊接速度及焊接干伸长度等对焊接结果起决定作用。采用机器人焊接时对于每条焊缝的焊接参数都是恒定的，焊缝质量受人的因素影响较小，降低了对工人操作技术的要求，因此焊接质量是稳定的。而人工焊接时，焊接速度、干伸长等都是变化的，因此很难做到质量的均一性。

（2）改善了工人的劳动条件。采用机器人焊接工人只是用来装卸工件，远离了焊接弧光、烟雾和飞溅等，对于点焊来说工人不再搬运笨重的手工焊钳，使工人从大强度的体力劳动中解脱出来。

（3）提高劳动生产率。机器人没有疲劳，一天可24小时连续生产，另外随着高速高效焊接技术的应用，使用机器人焊接，效率提高得更加明显。

（4）产品周期明确，容易控制产品产量。机器人的生产节拍是固定的，因此安排生产计划非常明确。

（5）可缩短产品改型换代的周期，减小相应的设备投资。可实现小批量产品的焊接自动化。机器人与专机的最大区别就是它可以通过修改程序以适应不同工件的生产。

（4）力大无比——搬运机器人

搬运机器人是可以进行自动化搬运作业的工业机器人。最早的搬运机器人出现在 1960 年的美国，Versatran 和 Unimate 两种机器人首次用于搬运作业。

搬运作业是指用一种设备握持工件，从一个加工位置移到另一个加工位置的过程。

▲ 搬运工业机器人

搬运机器人可安装不同的末端执行器以完成各种不同形状和状态的工件搬运工作，这就大大减轻了人类繁重的体力劳动。

目前，世界上使用的搬运机器人超过 10 万台，被广泛应用在机床上下料、冲压机自动化生产线、自动装配流水线、码垛搬运、集装箱等的自动搬运。部分发达国家已制定出人工搬运的最大限度，超过限度的必须由搬运机器人来完成。

（5）亲身涉险——采矿机器人

采矿业是一种劳动条件相当恶劣的生产行业，存在着振动、粉尘、煤尘、瓦斯、冒顶等不安全因素，这些不安全因素极大地威胁着井下工人的生命安全。

因此，采矿业迫切要求开发各种不同用途的机器人以取代人类从事的各种有毒、有害及危险环境下的工作。此外，采掘工艺一般比较

▲ 韩国深海采矿机器人

复杂，这种复杂工作很难用一般的自动化机械完成，采用带有一定智能并且具有相当灵活度的机器人是目前最理想的方法。

①特殊煤层采掘机器人

目前，人们一般都用综合机械化采煤机采煤，但对于薄煤层这样一类的特殊情况，运用综合机械化采煤机采煤就很不方便，有时甚至是不可能的。因此，采用遥控机器人进行特殊煤层的采掘是最佳的方法。这种采掘机器人能拿起各种工具，比如高速转机、电动机和其他采爆器械等，并且能操作这些工具。

这种机器人的肩部装有强光源和视觉传感器，这些能及时将采区前方的情况传送给操作人员。

②凿岩机器人

这种机器人是利用传感器来确定巷道的上缘，这样就可以自动瞄准巷道缝，然后把钻头按规定的间隔布置好，钻孔过程用微机控制，随时根据岩石硬度调整钻头的转速和力的大小以及钻孔的形状，这样可以大大提高生产率，人只要在安全的地方监视整个作业过程就行了。

③井下喷浆机器人

井下喷浆作业是一项很繁重并且危害人体健康的作业，目前这种作业主要由人操作机械装置来完成，这种方法的缺陷很多。

▲ 凿岩机器人

采用喷浆机器人不仅可以提高喷涂质量，也可以将人从恶劣和繁重的作业环境中解放出来。

▲ 井下采煤

④瓦斯、地压检测机器人

瓦斯和冲击地压是井下作业中的两个不安全的自然因素,一旦发生突然事故,是相当危险和严重的。但瓦斯和冲击地压在形成突发事故之前,都会表现出种种迹象,如岩石破裂等。采用带有专用新型传感器的移动式机器人,连续监视采矿状态,可及早发现事故突发的先兆,以便人们可以采取相应的预防措施。

随着机器人研究的不断深入和发展,采矿机器人的应用领域会越来越宽,经济效益和社会效益也会越来越显著。

▲ 石油采煤

（6）按部就班——食品工业机器人

目前人们已经开发出的食品工业机器人有包装罐头机器人、自动午餐机器人和切割牛肉机器人等。在这里我们以用机器人来切割牛的前半身为例来对食品工业机器人做一简要的介绍。

从设计机器人的角度来看，切割牛的前半身要考虑的细节十分地复杂，因为从牛的身体结构来看，每头牛的肢体虽然大致一样，但还是有很多不相同的地方。机器人系统必须要选择对每头牛的最佳切割方法，最大限度地减少牛肉的浪费。实际上，要使机器人系统能熟练地模仿一个熟练屠宰工人的动作，最终的解决办法将是把传感器技术、人工智能和机器人制造等多项高技术集成起来，使机器人系统能自动

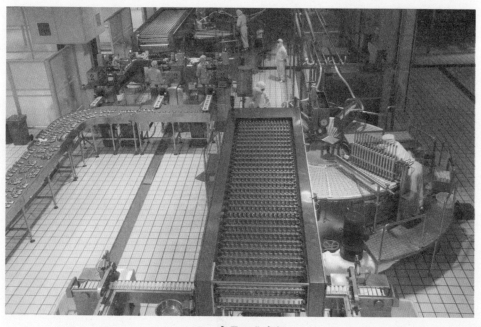

▲ 食品工业车间

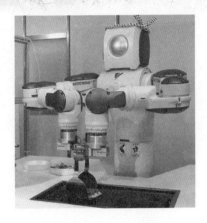

▲ 会做饭的机器人

适应产品加工中的各种变化。

切割牛肉的机器人将要加工的牛的肢体与数据库中存储的以前的牛的肢体的切割信息进行比较来加工每一头牛，这样就可以沿着每刀切割所定的初始路线方向来确定刀的起点和终点，然后用机器人驱动刀切入牛的身体里面。

传感器系统监视切割时所用力量的大小，来确定刀是否在切割骨头，同时把信息反馈给机器人控制系统，以控制刀片只沿着骨头的轮廓移动，从而避免损坏刀片。

在具体操作时，每一头牛的前半身通过固定装置送给机器人屠宰系统，

并且由机器人的视觉装置进行鉴定。视觉装置的图像数据连同存储在数据库里的其他牛的前半身参数（比如重量、牛的身体结构等）一起送入机器人的数据处理系统中进行处理，确定与待切割牛的前半身最为相似的初始鉴定数据。这样就可以提供切割的起刀点，起刀方向和初始路线，并利用初始路线来检验现在被切割牛的前半身的切割进展情况。

如果发现在数据库中没有与之相匹配的数据，则机器人系统可以根据预先确定的程序来确定起刀点，并且存储这个数据，留待以后使用。当每一刀切割完成以后，机器人系统就自动地转移到下一个起刀点，开始下一刀的切割过程，也就是重复上面的步骤。当最后一刀切割结束时，牛的骨头就被剔出，整个过程也就处理完毕了，于是装送装置自动送入下一头牛的前半身，开始新的一轮切割过程。

▲ "保姆"机器人

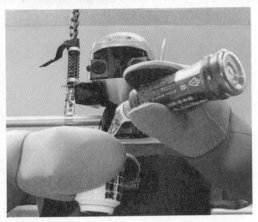

▲　"保姆"机器人

现在研制成功的切割牛肉的机器人能切下占总重量60%的牛肉，人们还在不断地改进它的性能，以便使它能切下更多的牛肉。

知 识 链 接

为奥运服务的机器人们

奥运福娃机器人的眼睛会动、能行走、会简单的语言和肢体动作，主要向中外旅客提供礼仪迎宾服务，非常逗人喜爱。

奥运环保监测机器人主要对奥运中心区的再生水供排系统对管道的流量、破损、异物等进行实时监测。

价值130万元的"机器战警"——排爆机器人能在刑警的操控之下，灵活准确地接近爆炸物，射击孔瞄准爆炸物。

翻译机器人能在任何时间、场所，对任何人和任何设备进行多语言服务。

全球机器人产业迎来高速发展时代

国际机器人联合会发布报告说，2017年，预计全球机器人市场规模将达到232亿美元，2012-2017年的平均增长率接近17%。其中，工业机器人147亿美元，服务机器人29亿美元，特种机器人56亿美元。2017年预计我国机器人市场规模将达到62.8亿美元。

而无论在使用、生产还是出口方面，日本一直是全球领先者，目前日本已经有130余家专业的机器人制造商。

爬壁机器人

爬壁机器人可以在垂直墙壁上攀爬并完成作业的自动化机器人。爬壁机器人主要用于石化企业对圆柱形大罐进行探伤检查或喷漆处理，或进行建筑物的清洁和喷涂。还可以用于消防和造船等行业。

日本在爬壁机器人研究上发展迅速，中国也于20世纪90年代以来进行类似的研究。

（7）省时省力——涂胶机器人

随着制造业的不断发展，机器人在涂胶等行业也逐步有了相当广

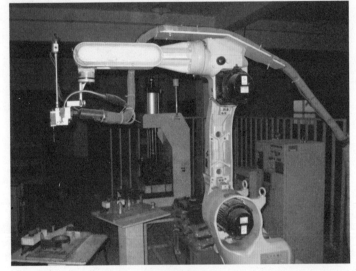

▲　涂胶机器人

泛的应用。

设计一个涂胶系统的首要任务是根据机器人所要完成的工作，先确定机器人的结构组成，可以是龙门式、挂壁安装式等，再按工作要求所给出各轴的运动行程、负载、运动速度、加速度、动作周期来选每个运动轴直线运动单元的型号，所配驱动电机及所配精密减速机的型号。

采用机器人后可以使涂胶和点胶的工作效率大为提高，省去大量人力，大量降低人工成本。

知 识 链 接

怎样选取涂胶机器人？

涂胶机器人现在在各个行业都有广泛的应用。

在汽车制造行业，需要涂胶的地方有很多：发动机机盖涂胶、减变速箱涂胶、横梁及车窗涂胶等。另外，在仪器仪表的密封胶的点涂上也大量应用自动涂胶机器人。

选用涂胶机器人，首先应该了解涂胶的胶体性能，是否需要加热，是否需要流量控制，黏性调节等；再确定点涂的工件特征，确定需要多少个运动机构，用怎样一个运动过程比较合适，同时就可以确认工作的幅面，确定最大的有效运动范围。如果是多种工件的涂胶，就要考虑最大工件需要的空间；另外，还要注意夹具和运动机构的配合，是否需要电子到位等信号。最后要考虑有什么特殊的工作属性，比如是否需要两把或者多把胶枪，工作后是否需要换枪，整个胶枪及附属结构的重量，这样就可以完全地将机械的结构勾勒出来，并准确选取合适的涂胶机器人。

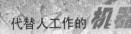

（8）技艺非凡——核工业机器人

核电站是核能利用的一个重要方面，受到了世界各国的高度重视。但是这些核电站在建造阶段没有考虑使用机器人遥控作业技术的应用，因此，现有的核电站应用机器人就必须以其定型的格局为前提，选择合适的机器人来完成某些任务。

核工业机器人是应用在辐射环境下的特种机器人。机器人在这里完成的工作不是在生产线的规定位置完成已经安排好的任务，它要完成的是位置不定的多种多样变化的工作。

随着核工业和机器人技术的发展，不少国家研制成功了真正的远

▲ 建设中的核电站

▲ 压水堆核电站

距离控制的核工业机器人。例如有美国的 SAMSIN 型、德国的 EMSM

系列、法国的 MA23—SD 系列等。

目前大多数核工业机器人采用的是车轮或履带，或车轮和履带相

结合的行走方式，只有少数的机器人采用多足或两足行走方式。为了

实现远距离控制，核工业机器人具有各种各样的传感器设备。现在研

制成功的核工业机器人一般都携带有照明灯、摄像机和导航设备，并

且通过一根很柔软的电线连接到它的机械手上，这样它就可以顺利地

在现场行走，到达目的地。

核工业机器人是一种十分灵活，能做各种姿态运动以及可以操作

各种工具的设备，对危险环境有着极好的应变能力。一般的核工业机器人需要有这样的几个特点：

①适应不同的环境和高可靠性。机器人在核电站内进行工作时，多半是操作高放射性物质，一旦发生故障，不仅本身将受到放射性污染，而且还会造成污染范围的扩大。所以要保证核工业机器人有很强的环境适应能力和很高的可靠性，使它在工作时不会发生故障。

②适用性强。核电站内的设备很多，各种管道错综复杂，通道狭隘，工作空间小。因此要求核工业机器人能顺利通过各种障碍物和狭隘的通道，并且最好能根据需要操作不同的设备。

目前世界上的核工业机器人大多缺乏感知功能（如视觉、听觉、触觉等），手的灵巧性也不够，对付核工业的恶劣环境影响的能力还有待提高。这些都是发展新型核工业机器人所要克服的困难。

第二节 生活助手——服务机器人

服务机器人是机器人家族中的一个年轻成员,其应用的范围很广,主要从事维护保养、修理、运输、清洗、保安、救援、监护等工作。

国际机器人联合会给服务机器人下的定义是:服务机器人是一种半自主或全自主工作的机器人,它能完成有益于人类健康的服务工作,但不包括从事生产的设备。

除割草机器人外,世界装备的服务机器人几乎都是行业用的机器

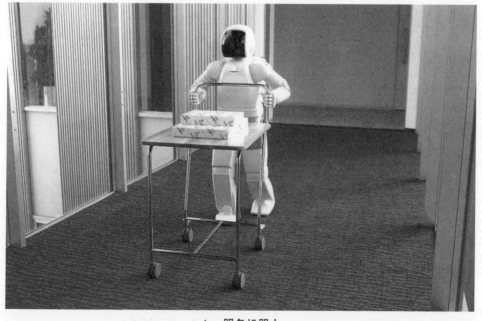

▲ 服务机器人

▲ 割草机器人

人。这些专用机器人的主要应用领域有：医用机器人、多用途移动机器人平台及清洁机器人。

从需求及设备和现有的技术水平方面来看，残疾人用的机器人还没有达到人们预期的目标。未来10年，助残机器人肯定会成为服务机器人中一个关键的领域，许多重要的研究机构正在集中力量开发这类机器人。

就服务机器人的总体来看，普及方面的主要困难一个是价格问题，另一个是用户对机器人的益处、效率及可靠性不十分了解。

1. 方便快捷——医用机器人

医用机器人是用于医院、诊所的医疗或辅助医疗的机器人。

目前常见的医用机器人主要有运送物品的机器人、移动病人的机器人、临床医疗用的机器人和为残

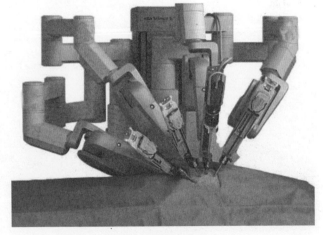

▲ 医用机器人

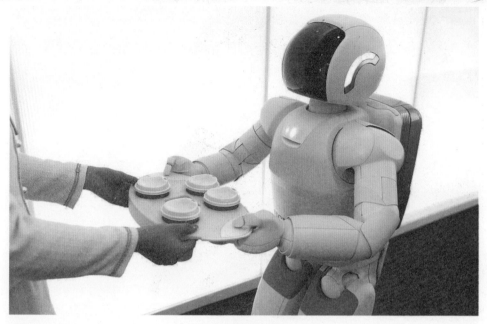

▲　服务机器人

疾人服务的机器人等。

　　其中运送药品的机器人可代替护士送饭、送病例和化验单等，较为著名的有美国 TRC 公司的"Help Mate"机器人。

　　移动病人机器人主要帮助护士移动或运送瘫痪和行动不便的病人，如英国的"PAM"机器人。

　　临床医疗用机器人包括外科手术机器人和诊断与治疗机器人，可以进行精确的外科手术或诊断，如日本的"WAPRU － 4"胸部肿瘤诊断机器人。

　　为残疾人服务的机器人，可以帮助残疾人恢复独立生活的能力，如美国的 Prab Command 系统。

恩格尔伯格创建的 TRC 公司第一个服务机器人产品就是医院用的"护士助手"机器人，它于 1985 年开始研制，1990 年开始出售，目前已在世界各国几十家医院投入使用。

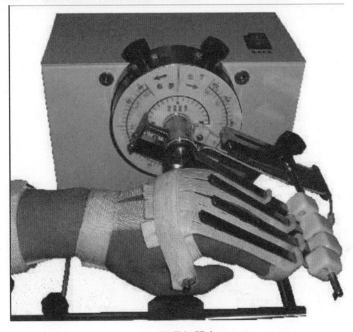

▲ 医用机器人

"护士助手"是自主式机器人，它不需要有线制导，也不需要事先作计划，一旦编好程序，它随时可以完成以下各项任务：运送医疗器材和设备，为病人送饭，送病历、报表及信件，运送药品、运送试验样品及试验结果，在医院内部送邮件及包裹。

这种机器人由行走部分、行驶控制器及大量的传感器组成。机器人可以在医院中自由行动，其内部装有医院的建筑物地图，在确定目的地后机器人利用航线推算法自主地沿走廊导航，由结构光视觉传感器及全方位超声波传感器可以探测静止或运动物体，并对航线进行修正。它的全方位触觉传感器保证机器人不会与人和物相碰。车轮上的编码器测量它行驶过的距离。

在走廊中，机器人利用墙角确定自己的位置，而在病房等较大的空间时，它可利用天花板上的反射带，通过向上观察的传感器帮助定位，需要时它还可以开门。在多层建筑物中，它可以给载人电梯打电话，并进入电梯到所要到的楼层。紧急情况下，例如某一外科医生及其病人使用电梯时，机器人可以停下来，让开路，2分钟后它重新启动继续前进。通过"护士助手"上的菜单可以选择多个目的地，机器人有较大的荧光屏及用户友好的音响装置，用户使用起来迅捷方便。

2. 实用灵活——康复机器人

"Handy1"康复机器人是目前世界上最成功的一种低价的康复机器人系统，许多发达国家都采用了这种机器人。

目前正在生产的机器人能完成3种功能，是由3种可以拆卸的滑动托盘来分别实现的，它们是吃饭、喝水托盘，洗脸、刮脸、刷牙托盘以及化妆托盘，它们可以根据用户的不同

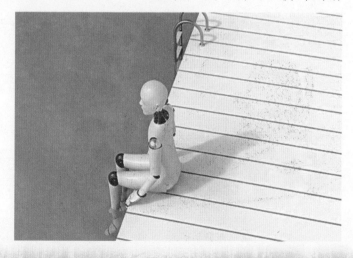

要求提供相应的服务。由于不同的用户要求不同，他们可能会要求增加或者去掉某种托盘，以适应他们身体残疾的情况，因而灵活地生产可更换的托盘是很重要的。

康复机器人具有一种新颖的输入／输出板，它可以插入 PC104 控制器，且具有以下能力：话音识别、语音合成、传感器的输入、手柄控制以及步进电机的输入等。

可更换的组件式托盘装在 Handy1 的滑车上，通过一个 16 脚的插座，从内部连接到机器人的底座中。目前该系统可以识别 15 种不同的托盘。通过机器人关节中电位计的反馈，启动后它可以自动进行比较。另外它还装有简单的查错程序。

▲ 康复机器人

▲ 康复机器人

Handy1 具有通话的能力，它可以在操作过程中为护理人员及用户提供有用的信息，所提供的信息可以是简单的操作指令及有益的指示，并可以用任何一种欧洲语言讲出来。

这种装置可以大大提高Handy1方便用户的能力，而且有助于突破语言的障碍。

以进食为例，Handy1的工作过程是这样的：在Handy1的托盘部分装有一个光扫描系统，它使用户能够从餐盘的任何部分选择食物。

简而言之，一旦系统通电，餐盘中的食物就被

▲ 服务机器人

分配到若干格中，共有7束光线在餐盘的后面从左向右扫描。用户只用等到光线扫到他想吃的食物的那一格的后面时，就可以按下单一的开关，启动Handy1。

机器人前进到餐盘中所选中的部分，盛出一满勺食物送到用户的嘴里。用户可以按照自己希望的速度盛取食物，这一过程可以重复进行，直到盘子空了为止。机器人上的计算机始终跟踪盘子中被选中食物的地方，并自动控制扫描系统越过空了的地方。利用托盘上的第8束光线，用户在吃饭时可以够得到任何地方的饮料。

▲ 护理机器人

Handy1 的简单性以及多功能性提高了它对所有残疾人群体以及护理人员的吸引力。该系统为有特殊需求的人们提供了较大的自主性，使他们增加了融入到"正常"环境中的机会。

3. 高大威猛——清洁机器人

"清洗巨人"——清洁机器人是用来清洗飞机的。它的机械臂向上可伸 33 米高，向外可伸 27 米远。它可以清洗任何类型的飞机，有时它甚至可以越过一架停着的飞机去清洗另一架飞机。

尽管世界各航空公司的竞争非常激烈，它们不断装备最新的客运飞机，但飞机的清洗工作仍然是老样子，还是由人拿着长把刷子，千方百计地擦去飞机上的尘土和污物，这是一项费时又费力的工作。

为了在竞争中立于不败之地，德国汉莎航空公司委托普茨迈斯特公司等经过近 5 年的开发，研制成了"清洗巨人"。目前清洗巨人已在德国法兰克福机场上岗工作。

"清洗巨人"利用两套计算机和一个机器人控制器来控制飞机

的清洗。利用微机对航空公司的整个机队的飞机外形进行编程，清洗时先将飞机的机型数据输入计算机。工作时，两台机器人位于飞机的两侧，在机翼与飞机头部（或尾部）的中间，利用装在旋转结构上的专用激光摄像机确定精确的工作位置。传感器得到飞机的三维轮廓，并将此信息送往计算机进行处理，计算机将机器人当前的位置与所存储的飞机的数据模型进行比较，并由当前的位置计算出机器人的坐标。

机器人概略定位后，利用液压马达将支撑脚放出，使机器人站稳脚跟。然后进行精确定位。经操作人员同意，机器人开始清洗。

使用"清洗巨人"不仅减轻了工人的劳动强度，而且大大提高了工作效率。例如，人工清洗一架波音747飞机需要95个工时，飞机在地面须停留9个小时，而机器人清洗仅需12个工时，飞机在地面仅需停留3小时。这样，就大大缩短了飞机的地面停留时间，增加了飞行时间，提高了经济效益。

▲ 飞机清洗机器人——"清洗巨人"

4. 一机多能——家政服务机器人

家政服务机器人是指能够代替人完成家政服务工作的机器人，它包括行进装置、感知装置、接收装置、发送装置、控制装置、执行装置、存储装置、交互装置等。

所说的感知装置指将在家庭居住环境内感知到的信息传送给控制装置，控制装置指令执行装置做出响应，并进行防盗监测、安全检查、清洁卫生、物品搬运、家电控制，以及家庭娱乐、病况监视、儿童教育、报时催醒、家用统计等工作。

下图是一种家政服务机器人，其特征包括：用于移动的行进装置由2个直流伺服电机、2个减速箱、2个驱动轮、2个导向轮、1个直流伺服电机驱动电路构成。

▲ 家政服务机器人

感知装置在家庭居住环境内感知到一项或多项如下信息：拍摄到周围的人脸、识别出说话的声音、检测到周围的障碍、测量出到指定位置的距离、检测出室内的温度、检测出火灾、

▲ 服务机器人

检测出易燃气体、检测出时间、检测出是否碰撞到其他物品、检测出人体体温、辨识出方向等。

执行装置完成一项或多项如下工作：防盗监测、安全检查、物品搬运、家电控制、清洁卫生、家庭娱乐、病况监视、儿童教育、报时催醒、开支管理。

发送装置通过无线遥控器、手机短信模块、互联网或无线网卡发出指令到执行装置，以及发送防盗监测、安全检查、病况监视信息并通知在外的家人。

接收装置的接收通过无线遥控器、手机短信模块、互联网或无线网卡发出的信号，并送给控制装置。

控制装置对接收到的信号和所述感知装置感知到的信息进行综合

▲ 服务机器人

分析处理，发出指令控制所述执行装置完成相应的工作。

交互装置通过触摸屏、液晶显示器、小键盘来与用户相互交流，并且显示所述家政服务机器人的工作状态。

存储装置是存储所述感知装置感知的信息以及所述其他装置产生的相关数据的硬盘存储器。

家庭帮手——吸尘机器人

吸尘机器人又称自动吸尘器或智能吸尘器，它是目前家用电器领域最具挑战性的热门研发课题，但是难度极大。

作为一种令人满意的智能吸尘机器人，它应当具有能自动并彻底清洁家庭或办公室中它能走得到的地面的功能——不需要人弯着腰操作；不需要人拖着电线移来移去；不需要人将它拆开后把累积在内部的垃圾倾倒出来；不需要人在旁边忍受它的噪音，需要的只是人们一次性设定它的工作方式：一次性工作还是每天工作一次、还是隔天工作、还是三天或隔几天工作一次，每次工作在什么时刻，其余人们便不用管它（当然人们也可把它当作普通吸尘器使用——插上导管清洁如床或茶几底下等它走不进的地方）。

另外它还要能自动充电、自动把内部垃圾传送到一个大容量垃圾箱中去。同时它还很安全：不会有触电危险、不会撞坏东西、不会被撞坏、不会跌落至楼梯下，也不会走得太远而消失得无影无踪。

▲　服务机器人——吸尘器

更重要的是作为一种家用电器而非奢侈品，它的价格不会太贵，普通家庭完全能买得起。

事实上，虽然有一些公司推出了一些样品或产品，但却不能达到上述满意程度：清洁效果不佳，功能没有完全达到，价格更是难以让人接受。因此那些只能算是早期产品或称为第一代产品。

5. 安全卫士——保安机器人

保安机器人是用于维护社会治安、保卫国家财产和人民生命财产安全的机器人。

国外研制的保安机器人主要有两种类型：美国国防部研制的"机动探测评估反应系统"机器人和爆炸物处理机器人。

▲　保安机器人

其中 MDARS 机器人是一种半自主轮式机器人，可分为室内型和室外型两种，主要用于执行各种保安任务，包括巡逻放哨、火警和空气检测、威胁评估、情况判定、探测与阻止入侵者等。室内型主要应用于仓库和办公大楼等场合，而室外型则用于机场、仓库等主要地区。

爆炸物处理机器人可用于探测并排除犯罪分子安放在机场、仓库等公共场所的炸弹和其他危险品，也可用于人质的解救工作。

6. 风光无限——导游机器人

在 1995 年伦敦举行的欧洲有线通讯博览会上，一个机器人明星出尽了风头。这个圆头圆脑的家伙不停地走来走去，边向人们问候，边给参观者分发礼物。这个机器人只有半米高，靠四个轮子运动。它

▲ 导游机器人

圆圆的大脑袋上有两个茶杯口大小的眼睛，闪闪地发着蓝光。眼睛里装的是小型雷达，用来探测周围的行人和物体。它可以自动躲避障碍物，从一个展台走到另一个展台。

这种导游机器人装备有先进的计算机语音处理系统，它能听懂人讲英语，并根据计算机存储的信息做出相应的回答。机器人体内的计算机还可以根据雷达探测到的数据，选择自己的行走路线。这种机器人可以用于商店导购、宾馆服务及为盲人导向等许多方面的服务工作。

我国的科技人员也对这类的服务机器人进行了研究。比如：海尔—哈尔滨工业大学机器人技术公司推出的智能导游机器人，上海大学研制的商场导购机器人等。

DY—I型导游服务机器人是海尔—哈工大机器人技术公司推出的第一代智能导游机器人，该机器人由伺服驱动系统、多传感器信息避障及路径规划系统、语音识别及语音合成系统组成。

该导游机器人由蓄电池供电，可连续运行4小时，在一定的环境下可自主行走，并且能识别出障碍物是人还是路障，发出不同的反应，遇到人时机器人会说："您好！欢迎您来到机器人世界。"游客通过语音识别系统可以和机器人进行简单的对话。该种机器人可应用在科技馆、商店和旅游场所进行导游服务。该公司研制的第二代导游机器人增加了多媒体功能，具有自动查询和场景解说等本领。

7.火海"勇士"——消防机器人

近年来，我国石化等基础工业有了飞速的发展，在生产过程中，易燃易爆和剧毒化学制品急剧增长，由于设备和管理方面的原因，导致化学危险品和放射性物质泄漏、燃烧爆炸的事故增多。

消防机器人作为特种消防设备可代替消防队员接近火场实施有效的灭火救援、化学检验和火场侦察。它的应用对减少国家财产损失和灭火救援人员的伤亡将产生

▲ 消防灭火机器人

重要的作用。

（1）遥控消防机器人

1986年第一次使用了这种机器人。当消防人员难以接近火灾现场灭火时或有爆炸危险时，便可使用这种机器人。这种机器人装有履带，最大行驶速度可达10千米/小时，每分钟能喷出5吨水或3吨泡沫。

（2）喷射灭火机器人

这种机器人于1989年研制成功，属于遥控消防机器人的一种，用于在狭窄的通道和地下区域进行灭火。机器人高45厘米，宽74厘米，长120厘米。它由喷气式发动机或普通发动机驱动行驶。当机器人到达火灾现场时，为了扑灭火焰，喷嘴将水流转变成高压水雾喷向火焰。

▲ 消防侦察机器人

▲ 消防侦察机器人

▲ 攀登营救机器人

（3）消防侦察机器人

消防侦察机器人诞生于1991年，用于收集火灾现场周围的各种信息，并在有浓烟或有毒气体的情况下，支援消防人员。机器人有4条履带，1只操作臂和9种采集数据用的采集装置，包括摄像机、热分布指示器和气体浓度测量仪。

（4）攀登营救机器人

攀登营救机器人于1993年首次使用。当高层建筑物的上层突然发生火灾时，机器人能够攀登建筑物的外墙壁去调查火情，并进行营救和灭火工作。该机器人能沿着从建筑物顶部放下来的钢丝绳自己用绞车向上提升，然后利用负压吸盘可以在建筑物上自由移动。这种机器人可以爬上 70 米高的建筑物。

（5）救护机器人

救护机器人于 1994 年第一次投入使用。这种机器人能够将受伤人员转移到安全地带。机器人长 4 米，宽 1.74 米，高 1.89 米，重 3860 千克。它装有橡胶履带，最高速度为 4 千米 / 小时。它不仅有信息收集装置，如电视摄像机、易燃气体检测仪、超声波探测器等；还有 2 只机械手，最大抓力为 90 千克。机械手可将受伤人员举起并送到救护平台上，在那里可以为他们提供新鲜空气。

8. 助人脱困——救援机器人

救援机器人就是为救援而采取先进科学技术研制的机器人，如地震救援机器人，它是一种专门用于大地震后在地下商场的废墟中寻找幸存者，执行救援任务的机器人。这种机器人配备了彩色摄像机、热成像仪和通信系统。

日本一些科学家研制出一种可以在废墟中爬行的小型机器人，它们可以承担营救被困在

▲ 救援机器人

▲ 救援机器人

地震废墟中的幸存者的重任。

这种机器人可以通过有节奏的收缩运动沿着地面爬行。由于这种机器人的宽度仅有几厘米，遥控人员可以利用磁场原理推动机器人在细小的墙壁裂缝中穿行，它的身上除了安装有照明灯泡和摄像机之外，还配备有一系列用来测量辐射程度或氧气含量等指标的传感器。这些指标可以显示某个区域是否安全，以便救援人员对被困者实施营救。

这种机器人由若干个装有铁磁微粒、水以及润滑剂的橡胶囊组成，爬行时所受阻力很小。每两个橡胶囊之间由一副橡胶棒连接，通过磁场的作用推动机器人前行。

第三节　水中健将——水下机器人

海洋占地球表面积的71%，它拥有14亿立方千米的体积。在海洋里蕴藏着极其丰富的生物资源及矿产资源。海洋还是一个无比巨大的能源库，全世界海洋中储存着2800亿吨石油，近140亿立方米的天然气。

因此，洋底的探测和太空探测同样具有极强的吸引力、挑战性。但是海底世界不仅压力非常大，而且伸手不见五指，环境非常恶劣。不论是沉船打捞、海上救生、光缆铺设，还是资源勘探和开采，一般的设备很难完成。

▲　水下机器人

于是人们将目光集中到了机器人身上，希望通过机器人来解开大海之谜，为人类开拓更广阔的生存空间。因此，各式各样的水下机器人就应运而生了。

无人遥控潜水器，也称水下机器人。它的工作方式是：由水面母

▲ SYG-II 小型无人遥控潜水器

船上的工作人员，通过连接潜水器的脐带提供动力，操纵或控制潜水器，通过水下电视、声呐等专用设备进行观察，还能通过机械手进行水下作业。

目前，无人遥控潜水器主要包括有缆遥控潜水器和无缆遥控潜水器两种，其中有缆遥控潜水器又分为水中自航式、拖航式和能在海底结构物上爬行式三种。

近10年来，无人遥控潜水器得到了快速的发展。从1953年第一艘无人遥控潜水器问世，到1974年的20年里，全世界共研制了20艘。1974年以后，由于海洋油气业的迅速发展，无人遥控潜水器也得到了飞速的发展。

1. 深水"蹦极"——无人有缆潜水器

无人有缆潜水器的研制开始于20世纪70年代，80年代进入了较快的发展时期。

　　1987 年，日本的科研人员成功研制了深海无人遥控潜水器"海鲀 3K"号，可下潜 3300 米。研制"海鲀 3K"号的目的是为了在载人潜水之前对预定潜水点进行调查而设计的，供专门从事深海研究的，同时也可利用"海鲀 3K"号进行海底救护。

　　"海鲀 3K"号属于有缆式潜水器，在设计上有前后、上下、左右三个方向各配置两套动力装置，基本能满足深海采集样品的需要。1988 年，为了配合"深海 6500"号载人潜水器进行深海调查作业的需要，科研人员建造了万米级无人遥控潜水器。这种潜水器由工作母船进行控制操作，可以较长时间进行深海调查。这种潜水器在 20 世纪 90 年代初建成。

　　日本对于无人有缆潜水器的研制比较重视，不仅有近期的研究项目，而且还有较大型的长远计划。目前，日本正在实施一项包括开发先进无人遥控潜水器的大型规划。这种无人有缆潜水器系统在遥控作业、声学影像、水下遥测全

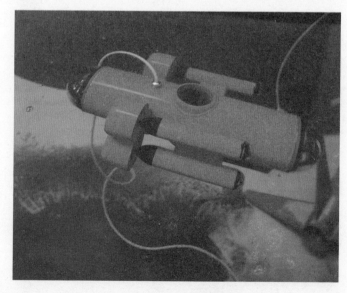

▲　无人遥控潜水器

向推力器、海水传动系统、陶瓷应用技术水下航行定位和控制等方面都要有新的开拓与突破。这项工作的直接目标是有效地服务于 200 米以内水深的油气开采业，完全取代目前由潜水人员去完成的危险水下作业。

在无人有缆潜水技术方面，西欧发达国家始终保持了明显超前发展的优势。根据欧洲尤里卡计划，英国、意大利将联合研制无人遥控潜水器。这种潜水器性能优良，能在 6000 米水深持续工作 250 小时，比现在正在使用的只能在水下 4000 米深度连续工作只有 12 小时的潜水器性能优良得多。

▲ 水下机器人

英国科学家研制的"小贾森"有缆潜水器有独特的技术特点，它是采用计算机控制，并通过光纤沟通潜水器与母船之间的联系。母船上装有4台专用计算机，分

▲ 无人潜水器

别用于处理各种海洋环境的资料。经过整理，通过微波发送到加利福尼亚太平洋格罗夫研究所的实验室，并储存在资料库里。

无人有缆潜水器的发展趋势有以下几点：一是水深普遍在6000米；二是操纵控制系统多采用大容量计算机，实施处理资料和进行数字控制；三是潜水器上的机械手采用多功能力反馈监控系统；四是增加推进器的数量与功率，以提高其顶流作业的能力和操纵性能。此外，还特别注意潜水器的小型化和提高其观察能力。

2. 技高一等——无人无缆潜水器

1980年法国国家海洋开发中心建造了"逆戟鲸"号无人无缆潜水器，最大潜深为6000米。

"逆戟鲸"号潜水器先后进行过130多次深潜作业，完成了太平洋海底锰结核调查、海底峡谷调查、太平洋和地中海海底电缆事故调

▲ 无人水下探测器

查、洋中脊调查等重大课题任务。1987 年，法国国家海洋开发中心又与一家公司合作，共同建造"埃里特"声学遥控潜水器，用于水下钻井机检查、海底油机设备安装、油管铺设、锚缆加固等复杂作业。这种声学遥控潜水器的智能程度要比"逆戟鲸"高许多。

1988 年，美国国防部的国防高级研究计划局与一家研究机构合作，研制了两艘无人无缆潜水器。1990 年，无人无缆潜水器研制成功，定名为"UUV"号。这种潜水器重量为 6.8 吨，性能特别好，最大航速 10 节，导航精度约 0.2 节／小时，潜水器动力采用银锌电池。这些技术条件有助于高水平的深海

▲ 深水无人探测器

研究。另外，美国和加拿大将合作研制能穿过北极冰层的无人无缆潜水器。

目前，无人无缆潜水器尚处于研究、试用阶段，还有一些关键技术问题需要解决。今后，无人无缆潜水器将向远程化、智能化发展，其活动范围在250~5000千米的半径内。这就要求这种无人无缆潜水器有能保证长时间工作的动力源。在控制和信息处理系统中，采用图像识别、人工智能技术、大容量的知识库系统，以及提高信息处理能力和精密的导航定位的随感能力等。如果这些问题都能得到解决，那么无人无缆潜水器就是名副其实的海洋智能机器人了。

3. 记录历史——水下6000米无缆自治机器人

世界上第一台无人潜水器"Poodle"诞生于1953年，迄今已有60多年的历史。

无人潜水器最初的20多年发展缓慢。20世纪70年代，随着海上石油开采的兴起，水下机器人的发展掀起了高潮。这一时期开发出一批能在不同深度、可进行多种作业的机器人。

它们可用于石油开采、海底矿藏调查、打捞作业、

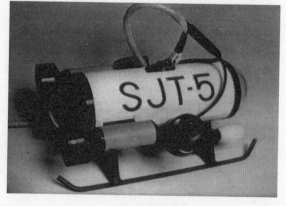

▲ 无人潜水器

▲ 无人潜水器

管道铺设及检查、电缆铺设及检查、海上养殖以及江河水库大坝的检查等方面。

估计目前世界上已研制成的遥控水下机器人（ROV）在 1000 台以上。

我国机器人的发展起步较晚，"海人 1 号"先后于 1985 年及 1986 年获得首航及深潜试验的成功，技术上达到 20 世纪 80 年代世界同类产品的水平。

1986 年"863"计划实施之前，我国研制的都是有缆遥控水下机器人，工作深度仅为 300 米。1994 年无缆水下机器人"探索者"号研制成功，它工作深度达到 1000 米，甩掉了与母船间联系的电缆，实现了从有缆向无缆的跨越。

▲ 水下机器人——探索者

1995 年 8 月，"CR—01" 6000 米无缆自治水下机器人研制成功，使我国成为世界上拥有潜深 6000 米自治水下机器人的少数国家之一。

1997 年 6 月，中国"大洋 1 号"考察船停泊在夏威夷以东 1000 海里的海面上，科学家通过努力将"CR—01" 6000 米水下机器人潜入 5179 米的太平洋海底并顺利回收。它标志着我国自治水下机器人的研制水平已跨入世界领先行列。

"CR—01"水下机器人的本体长 4.374 米，宽 0.8 米，高 0.93 米，它在空气中的重量为 1305.15 千克，它的最大潜深 6000 米，最大水下航速 2 节，续航能力 10 小时，定位精度 10~15 米。它是一套能按预订航线航行的无人无缆水下机器人系统，它可以在 6000 米水下进行

▲ "CR-01" 水下机器人

摄像、拍照、海底地势与剖面测量、海底沉物目标搜索和观察、水文物理测量和海底多金属结核丰度测量，并能自动记录各种数据及其相应的坐标位置。

"CR—01"主要由载体系统、控制系统、水声系统及收放系统四大部分组成。它的机动性强，自动定向定深快、准、精。本体在深水中的运动轨迹清晰，并可通过长基线定位系统对本体实施8道控制命令。系统本体所载传感器和探测系统齐全，可实时记录下温度、盐分、深度等参数。发生局部故障或丧失自航能力时，它能自动抛载上浮至水面，且自动抛起应急无线电发射天线和亮起急救闪光灯。机器人还有独特的回收和释放本体的收放系统。

知 识 链 接

史海档案——海上打捞逸闻

1. 寻觅氢弹

1963年，驻欧美军举行空军训练，一架"KC-125"空中加油机在给"B-52"轰炸机空中加油时，因摩擦生电引燃了机上的燃料，两架飞机同时起火，飞行员紧急跳伞，飞机坠毁在西班牙东海岸地中海附近的海边。令人震惊的是，B-52轰炸机还带有5

颗氢弹，它们的威力相当于100万吨烈性炸药。

美国"五角大楼"连夜召开紧急会议，然后指示驻欧海军部队立即出动，千方百计找回丢失的氢弹。海军派出部队和各种舰艇及蛙人进行搜索，终于找到4颗，但就是找不到第5颗。

在万般无奈下，海军只好求助于刚刚制成的"阿尔文"号载人潜水器。"阿尔文"号看上去像一艘微型潜水艇，前面装有一个长长的机械臂，并装备有各种传感器。

"阿尔文"号慢慢地沉入漆黑的海底，它头部的探照灯照亮了前方几十米处的海水，由于潜水器和探照灯都靠电池供电，它的工作时间受到限制，需要经常升出水面更换电池。

▲ "阿尔文"号潜水器

经过十几天紧张的搜索，"阿尔文"号终于在850米深的海底找到了最后一颗氢弹。可是氢弹降落伞的伞绳与海底的水草紧紧缠绕在一起，无法把它解开，如果硬拉又怕引起爆炸。"阿尔文"号只好把氢弹周围的情况拍摄下来，带回去研究对策。

　　打捞指挥中心接到报告后，调来了名叫"科夫"的有缆遥控水下抢修车，这是一台遥控水下机器人，它长5米，重1400千克，身上装有4个浮筒，它还装备有摄像机和探照灯，以及打捞和修理沉船用的巨大的机械手。"科夫"有缆遥控水下抢修车根据"阿尔文"号的情报找到了失落的氢弹，然后在水面母舰的遥控下准确地测出了氢弹的位置，再用它的机械手牢牢地将其抓住，并稳稳地托着它离开了海底，缓缓地升到了海面。氢弹终于被找回来了。

　　以后，"科夫"有缆遥控水下抢修车被作了进一步的改进，制成多种用途的系列产品，用来回收鱼雷、打捞失事舰艇、安装水声传感器等，直到20世纪80年代末它才退役。

　　2. 参观"泰坦尼克号"

　　1912年4月15日，当时世界上最大的豪华邮轮"泰坦尼克号"，在其处女航中与冰山相撞沉没，成为当时一次严重的海难事故。

　　1985年9月，美国伍兹霍尔海洋研究所的罗伯特·巴拉德博士和他的两位同事来到了出事地点，希望能揭开泰坦尼克号沉没之谜。

　　他们利用的还是"阿尔文"号潜水器，"阿尔文"号带有一台长约0.71米的有缆遥控机器人，名叫"小杰森"。"小杰森"

装有一台高分辨率的摄像机和强大的照明系统，它可以探测从前无法达到的大洋的最深处。这一天，"阿尔文"号花了两个多小时下潜到海底，发现了泰坦尼克号的一只巨大的锅炉。

1986年7月，巴拉德博士的小组又回到了这个地方。7月13日，"阿尔文"号用它的7盏明亮的灯光照射着北大西洋黑暗的洋底。巴拉德首先发现了覆盖着全船的尘迹，他们把它叫"锈粒"。在过去人们散步的船上走廊中，鼠尾鱼、海星及海蜇在漫游。"小杰森"从楼梯间折断的天窗里钻进沉船中。

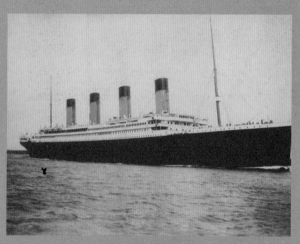

▲ 泰坦尼克号

泰坦尼克号上的许多东西如吊灯及玻璃镶板仍然待在原来的位置上。"小杰森"搜索了船头、船身、瞭望塔及驾驶台，它看到了由4个烟囱及玻璃拱顶留下的大洞。以后的12天中，他们又下潜到沉船残骸处11次，并在距船头约1英里处发现了船尾的残骸。

1994年夏天，法国海洋开发研究所的"鹦鹉螺"号潜水器也到沉船地点考察，该潜水器的潜深为6000米，有3名乘员，并带有一台名叫"罗宾"的小型机器人。9月份，罗宾进入沉船搜索，它进到乘务员室，通过摄像机发现那里的保险柜不见了。它

▲ "泰坦尼克号" 沉船

还找到了当时泰坦尼克号所属公司董事长伊斯梅勋爵的特等舱套房。罗宾还检查了装有3800袋邮件及30个大木箱的邮件舱，结果找到了一只水晶花瓶、一些乐器、一只大铜盆及盆内放着的盘子及很多餐具，还在一个小保险箱内找到了珠宝、金块和钞票。机器人共找到3600件物品。

罗宾还发现了一个秘密，邮轮的右舷并没有裂缝，裂缝是在船底，轮机舱也没有发生爆炸，这与过去调查人员得出的结论完全不同。1994年10月，罗宾找到的物品连同以前在泰坦尼克号中找到的东西，都在伦敦海事博物馆内展出。

1998年好莱坞大片《泰坦尼克号》在全世界引起轰动，致使各旅游公司特别看好开发水下旅游资源。在拍摄该片时，俄罗斯

海洋研究所租给美国两艘深海潜水器"和平1号"及"和平2号"，用于水下实地摄制。

3. 进军查林杰海渊

马里亚纳海沟是世界上海洋中最深的海沟，马里亚纳海沟的最深处叫查林杰海渊，它的名字是为了纪念发现它的英国"查林杰8号"船而得名的。

那么查林杰海渊究竟有多深呢？ 1951年查林杰8号探测出的深度为10836米；1957年前苏联的"Vityaz"号船利用声波反射装置测量的深度为11034米；1960年美国的载人潜水器"的里亚斯特号"成功地到达查林杰海渊的海底，利用铅锤测量得到的深度为10912米；1984年日本的"卓阳"号船测出的深度为10924米；1995年3月日本的海沟号潜水器测得的深度为10911.4米。

1986年，日本海洋科技中心开始计划研制"海沟"号无人潜水器，1990年完成设计开始制造，经过6年的努力，研制出海沟无人潜水器。海沟号长3米，重5.4吨，耗资5000万美元。它是缆控式水下机器人，装备有复杂的摄像机、声呐和一对采集海底样品的机械手。它的目标很明确，就是要考察查林杰海渊。

"海沟"号与母船之间采用光缆通信。由母船发出的信号以及由"海沟"摄像机拍摄到的实时图像信号均可通过光缆传输，操作人员可观察监视器上的图像，在母船上对"海沟"号进行操作。

"海沟"号潜水器分为两个部分，一个是中继站，它与母船通过一次缆相连；另一个是潜水器，它通过250米长的二次缆与中继站相连。中继站自己不能运动，依靠母船的拖曳。它带有摄像机、声呐等，它所带的深度计可由海水的压力计算其深度。

日本海洋科技中心在1992年夏天和1994年3月曾进行过2次试验，但由于部分原因而使试验失败。1995年3月，"海沟"号又一次在同一地区进行深潜试验。接受以往的教训，这次作了充分的准备。

▲ "海沟"号潜水器

1995年3月4日，海沟号由母船"横须贺"号搭载，在查林杰海渊进行了预演。3月24日进行正式试验，"海沟"号由母船尾部的吊车吊起放入水中，12000米长的一次缆以人步行的速度缓缓放向海底。在母船操作室内的17个监视器显示出潜水器发回的图像资料。经过三个半小时，潜水器到达查林杰海渊的底部。这时测深表的水深值是 10903.3 米，修正水深为 10911.4 米。修正水深是根据水压测定的值，通过含盐量、水温资料修正的深度。"海沟"号创造了事实上的世界潜深纪录。

此前的世界纪录是由"的里亚斯特"号在 1960 年创造的，海沟号的潜水深度实际上比"的里亚斯特"号深了 15 米。"海沟"号还进行了试样采集及拍摄等考察活动，并用机械手将一块书有"海沟"字样的纪念碑竖立在海底。

从传回的图像可以看到，海底的泥土是茶色的，还看到一些白色的像海参一样的生物，它们弯曲着身体游动着。当两分钟后海沟号回到纪念碑处时，看到有数条小鱼游向作为饵料的物品处。在此之前，确认有鱼的最深的记录是 8370 米。

从历史来看，每当一个新的潜水器问世，就会有一些新的发现。深海 6500 号就曾在造成 1933 年大地震 3000 余人死亡的三陆冲地震的震源处，发现了地震的痕迹和大裂缝。美国的载人潜水器"阿尔文"号，在东太平洋的加拉帕戈斯群岛附近的海底，首次见到海底冒出的黑色烟雾。

占地球表面 70% 以上的海洋、海底是人类寄予最大希望的最后领地，更新的深潜器将为它的探测及开发作出更大的贡献。

第四节 战争骄子——军用机器人

人们见到的较多的是工业生产流水线上的机器人，但大多数人很少看到过供军事作战使用的机器人，因为它是一种军事机密。

早在 20 世纪 70 年代中期，美国五角大楼就开始通过各种试验来证实军用机器人的使用价值。80 年代以来，美国军方声称已经拥有一支由机器人士兵组成的作战部队，其兵种涉及陆、海、空、侦察和供给等领域。

近十几年来，在接连不断的局部战争的推动下，军用机器人的发展产生了质的飞跃。在海湾、波黑及科索沃战场上，无人机大显身手；在海洋，机器人帮助人们清除水雷、探索海底的秘密；在地面，机器人为联合国维和部队排除爆炸物、扫除地雷；在宇宙空间，机器人成了考察火星的"明星"。

装备军用机器人究竟

▲ 军用机器人

有哪些好处呢?

　　首先, 机器人可以代替士兵完成繁重的工程及后勤任务。

　　其次, 由于机器人对各种恶劣环境的承受能力大大超过载人系统, 因而在空间、海底及各种极限条件下, 它可以完成许多载人系统无法完成的工作。

▲　可承载装备的军用机器人

　　此外, 在未来的战场上, 将会出现越来越多的新式武器和大规模杀伤武器, 在这样的条件下, 士兵的生存非常困难, 其代价也是昂贵的, 因此大量采用战场机器人将是一种趋势。

　　最后, 由于机器人按设定规划行动, 在环境极其险恶、只有采取某种自杀行为才能挽救战局时, 它会毫不畏惧地承担起自我牺牲的战斗任务。

　　由于大量采用机器人, 未来战争的战略及战术都会有很大的变化, 那时相互作战的将是机器人部队或机器人兵团, 因而部队的指挥员应当是具有高度技术水平和作战经验的专门人才, 而培养这种人才的高等学校也将应运而生。

1. 身手敏捷——排爆机器人

排爆机器人是排爆人员用于处置或销毁爆炸可疑物的专用器材。

它可用在各种复杂地形进行排爆，主要用于代替排爆人员搬运、转移爆炸可疑物品及其他有害危险品；代替排爆人员使用爆炸物销毁器销毁炸弹；代替现场安检人员实地勘察，实时传输现场图像；可配备散弹枪对犯罪分子进行攻击；可配备探测器材检查危险场所及危险物品。由于科技含量较高，排爆机器人往往"身价"不菲。

排爆机器人一般体积不大，转向灵活，便于在狭窄的地方工作，操作人员可以在几百米到几千米以外通过无线电或光缆控制其活动。机器人车上一般装有多台彩色 CCD 摄像机、多自由度机械手、猎枪和高压水枪等。

▲　排爆机器人

知 识 链 接

世界巡礼——各国排爆机器人一览

1. 军警助理——美国排爆机器人

美国 Remotec 公司的"Andros"系列机器人受到各国军警部门的欢迎，白宫及国会大厦的警察局都购买了这种机器人。在南非总统选举之前，警方购买了 4 台"Andros VIA"型机器人，它们在选举过程中总共执行了 100 多次任务。

"Andros"机器人可用于小型随机爆炸物的处理，它是美国空军客机及客车上使用的唯一的机器人。海湾战争后，美国海军也曾用这种机器人在沙特阿拉伯和科威特的空军基地清理地雷及未爆炸的弹药。美国空军还派出 5 台"Andros"机器人前往科索沃，用于爆炸物及炮弹的清理。

▲ 排爆机器人

另外，1993 年初在美国发生了韦科庄园教案，联邦调查局同样使用了"Andros"机器人和 RST 公司研制的"STV"机器人。

"STV"机器人是一辆6轮遥控车，采用无线电及光缆通信。车上有一个可升高到4.5米的支架，上面装有彩色立体摄像机、昼用瞄准具、微光夜视瞄具、双耳音频探测器、化学探测器、卫星定位系统、目标跟踪用的前视红外传感器等。该车仅需1名操作人员，遥控距离达10千米。在这次行动中共出动了3台STV，操作人员遥控机器人行驶到距庄园548米的地方停下来，升起车上的支架，利用摄像机和红外探测器向窗内窥探，联邦调查局的官员们围着荧光屏观察传感器发回的图像，可以把屋里的活动看得一清二楚。

2. 排险专家——英国排爆机器人

英国由于民族矛盾，饱受爆炸物的威胁，因而早在20世纪60年代就成功研制出排爆机器人。英国研制的履带式"手推车"及"超级手推车"排爆机器人，已向50多个国家的军警机构售出了800台以上。最近英国又将手推车机器人加以优化，研制出土拨鼠及野牛两种遥控电动排爆机器人。土拨鼠重35千克，在桅杆上装有两台摄像机。野牛重210千克，可携带100千克负载。两者均采用无线电控制系统，遥控距离约1千米。

3. 机场猎犬——法国排爆机器人

在法国，军队和警察部门曾装备了Cybernetics公司研制的

"TRS200"中型排爆机器人。DM公司研制的RM35机器人也曾被巴黎机场管理局选中。

4.孤胆英雄——中国排爆机器人

在我国，排爆机器人有沈阳自动化所研制的"PXJ-2"机器人和"IPAPTOR"排爆机器人等几种。

"IPAPTOR"排爆机器人的外形紧凑、坚固可靠，可在会场过道、飞机机舱中自如活动，在各种大型机器人无法进入的狭窄环境中执行任务。"IPAPTOR"排爆机器人附加摄像机、喊话器、放射线探测器、毒品探测器、散弹枪、各种水炮枪、探照灯等；模块化设计，所有部件可迅速拆装；遥控/线控可选，遥控距离300~500米，线控距离100米。该机器人具有体积小、布置迅速，可以对突发事件进行快速反应的能力。

▲　中国排爆机器人

而在北京奥运会中用于奥运安保的排爆机器人则具有出众的爬坡、爬楼能力，能灵活抓起多种形状、各种摆放位置和姿势的嫌疑物品。

2.昼夜潜伏——侦察机器人

美国第一代侦察机器人是在海军陆战队的支持下，由海洋系统中心研制的。它由 M113 装甲人员运输车改装而成，体积较大。

为了在城市作战中隐蔽性更好，海军陆战队研制了第二代小型侦察机器人——"Sarge"，它于 1998 年首次露面，1999 年进行了演示。该车是在一辆雅马哈 125 四轮全地形车上，装上不同的摄像机和夜视装置构成的。它的隐蔽性好，适于昼夜侦察。"Sarge"侦察机器人发现单个人的距离为 1 千米，发现车辆的距离为 5 千米。机器人车由运输车中的操作员控制，控制器装有全球定位系统，可精确确定敌人目标的位置，通过无线电或光缆遥控机器人。

美国海军陆战队正在探索实现微型无人地面车辆的可能性，想研制出一种比人手还小的无人地面车辆，它可以行走，有翅膀，会跳跃或短距离飞行。

美国陆军打算在 2020 年前后内研制出下一代核生化传感器，装备到第四代坦克中，把它们改造成为侦察车，这些侦察车具有运动中远距离探测核

▲ "徘徊者"侦察机器人

生化污染的能力。
它可在战场上发现、
识别、测绘及标志
核生化污染，并向
部队发出报警。

美国国防高级
研究计划局准备在

▲ 美军战场侦察机器人

未来研制昆虫大小的微型无人地面传感器，这类机器人的体积只有
2.54 厘米大小，可以携带音响、电磁、地震、化学、生物成像及环境
等各种传感器，可利用炮弹、火箭、导弹、飞机、无人机将它们投掷
到敌人的防线后面，也可附在敌人的车辆上，混入敌人的阵地进行
侦察。

3. 不畏艰险——水下扫雷机器人

为了避免人员的伤亡，一些发达国家都依靠遥控潜水器扫雷。目
前扫雷用的 ROV 的潜水深度一般为几米到 500 米左右。

用遥控潜水器扫雷的过程大致如下：扫雷舰的声呐发现水雷后，
先确定出大致方位，然后给遥控潜水器装上扫雷装药，再把它放入水
中。操作人员通过光缆控制它驶向目标，在目标附近，遥控潜水器的
摄像机拍摄目标的图像并将它传回军舰，操作人员进一步确定它是不

▲ 军用水下机器人

是水雷；然后遥控潜水器就对目标精确定位，把炸药在水雷旁放好，然后返回母舰，最后引爆水雷。扫除锚雷时，先由遥控潜水器切断锚链，水雷浮出水面后再用炸药引爆。

美国ECA公司研制的"PAP—104"就是这样的遥控潜水器。"PAP—104"既可扫除锚雷也可扫除沉底雷。

意大利的"Pluto"遥控水下机器人，它共有三种型号，潜深400米。它的改进型"PlutoPlus"缆绳长2000米，航速由4节提高到7节，蓄电池的容量也翻了一番。

瑞典博福斯公司研制的"双鹰"遥控潜水器已被瑞典、丹麦及澳大利亚海军选用。双鹰载重80千克，速度5节，可在500米深处作业。它装有360度全姿态控制系统，使遥控潜水器可在6个自由度上运动，稳定性很好。

德国STN Atlas电子公司研制出"企鹅"B3型遥控潜水器，装有两台变速推进发动机和一台垂直发动机，速度6节，载重225千克，光缆长 1000 米。

为了缩短扫雷时间，提高扫雷的可靠性，人们研制出一种一次性使用的扫雷武器——微型鱼雷。它不需要用遥控潜水器运送目标，而是由扫雷舰把它直接放到水中，然后它自动导向目标，利用自身的传感器确认并对水雷定位，引爆后摧毁水雷。

挪威海军的"水雷狙击手"就是第一个这样的微型鱼雷。它采用锥孔装药，虽然体积与北约的标准装药相同，但装药量少得多，重量又轻，在舰上搬运非常安全。它特别适合由小型舰只投放，据称，它可有效地对付沉底雷和锚雷。德国 STN Atlas 公司正在研制两种微型鱼雷，一种是"海狐"号，一种是"海狼"号。

未来遥控潜水器发展的方向很可能是把可变深度声呐装在它上面，部署到可能有水雷的危险区域去，扫雷舰就不必亲自前往，这样就大大提高了人员及设备的安全性，也提高了探雷的可靠性。

为了对付岸边的水雷，美国罗克威尔公司及 IS 机器人公司研制了一种名叫"水下自主行走装置"的机器蟹，这种机器蟹可以隐藏在海浪下面，在水中行走，迅速通过岸边的浪区。当风浪太大时，它可以将脚埋入泥沙中，通过振动可将整个身子都隐藏起来。

机器蟹长约 56 厘米，重 10.4 千克，包括一个 3.17 千克重的压载物。为了携带传感器，它的脚比较大，便于发现目标。当它遇到水雷时，就把它抓住，然后等待近海登陆艇上的控制中心的命令。一旦收到信号，这个小东西就会自己爆炸，同时引爆水雷。技术人员还打算使机器蟹之间可以进行通信联络，从而提高扫雷的效率。

■ 4.腾云驾雾——空中机器人 ■

空中机器人又叫无人机，近年来在军用机器人家族中，无人机是科研活动最活跃、技术进步最大、研究及采购经费投入最多、实战经验最丰富的领域。80多年来，世界无人机的发展基本上是以美国为主线向前推进的，无论从技术水平还是无人机的种类和数量来看，美国均居世界首位。

纵观无人机发展的历史，可以说现代战争是推动无人机发展的动力。

越南战争期间美国空军损失惨重，为此美国空军较多地使用了无人机。如"水牛猎手"无人机在北越上空执行任务2500多次，超低空拍摄照片，损伤率仅4%；AQM—34Q型147"火蜂"无人机飞行500多次，进行电子窃听、电台干扰、抛撒金属箔条及为有人飞机开辟通道等。

在1982年的贝卡谷地之战中，以色列军队通过空中侦察发现叙

▲ 军用侦察无人机

利亚在贝卡谷地集中了大量部队。6月9日，以军出动美制E—2C"鹰眼"预警飞机对叙军进行监视，同时每天出动"侦察兵"及"猛犬"等无人机

▲ 军用侦察无人机"先锋"

70多架次，对叙军的防空阵地、机场进行反复侦察，并将拍摄的图像传送给预警飞机和地面指挥部。这样，以军准确地查明了叙军雷达的位置，接着发射"狼"式反雷达导弹，摧毁了叙军不少的雷达、导弹及自行高炮，迫使叙军的雷达不敢开机，为以军有人飞机攻击目标创造了条件。

1991年爆发了海湾战争，在整个战争期间，"先锋"无人机是美军使用最多的无人机种，美军在海湾地区共部署了6个先锋无人机连，总共出动了522架次，飞行时间达1640小时。那时，不论白天还是黑夜，每天总有一架先锋无人机在海湾上空飞行。而在威斯康星号和密苏里号军舰上起飞的先锋无人机就有151架次，飞行了530多个小时，完成了目标搜索、战场警戒、海上拦截及海军炮火支援等任务。

这种无人机也成了美国陆军部队的开路先锋。它为陆军进行空中侦

察，拍摄了大量的伊军坦克、指挥中心及导弹发射阵地的图像，并传送给直升机部队，接着美军就出动"阿帕奇"攻击型直升机对目标进行攻击，必要时还可呼唤炮兵部队进行火力支援。先锋机的生存能力很强，在几百架次的飞行中，仅有一架被击中，有4~5架由于电磁干扰而失事。

除美军外，英、法、加拿大也都出动了无人机。如法国的"幼鹿"师装备有一个"马尔特"无人机排。当法军深入伊境内作战时，首先派无人机侦察敌情，根据侦察到的情况，法军躲过了伊军的坦克及炮兵阵地。

1995年波黑战争中，因部队急需，"捕食者"无人机很快就被运往前线。在北约空袭塞族部队的补给线、弹药库、指挥中心时，"捕食者"发挥了重要的作用。它首先进行侦察，发现目标后引导有人飞机进行攻击，然后再进行战果评估。它还为联合国维和部队提供波黑境内主要公路上军车移动的情况，以判断各方是否遵守了和平协议。

美军因而把"捕食者"称作"战场上的低空卫星"。其实卫星只能提供战场上的瞬间图像，而无人机可以在战场上空长时间盘旋逗留，因而能够提供战场的连续实时图像，无人机还比使用卫星便宜得多。

科索沃战争是世界局部战争中使用无人机数量最多、无人机发挥作用最大的战争。无人机尽管飞得较慢，飞行高度较低，但它体积小，雷达及红外特征较小，隐蔽性好，不易被击中，适于进行中低空侦察，

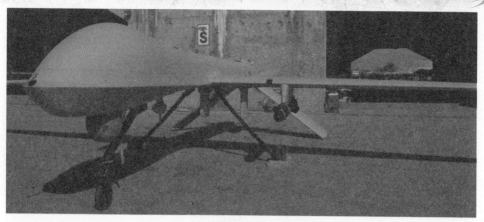

▲ 军用机器人"捕食者"

可以看清卫星及有人侦察机看不清的目标。

在科索沃战争中，美国和其他国家总共出动了6种不同类型的无人机约200多架，它们有：美国空军的"捕食者"、陆军的"猎人"及海军的"先锋"；德国的CL—289；法国的"红隼""猎人"，以及英国的"不死鸟"等无人机。

无人机在科索沃战争中主要完成了以下一些任务：中低空侦察及战场监视、电子干扰、战果评估、目标定位、气象资料搜集、散发传单以及营救飞行员等。

科索沃战争不仅大大提高了无人机在战争中的地位，而且引起了各国政府对无人机的重视。美国参议院武装部队委员会要求，10年内军方应准备足够数量的无人系统，使低空攻击机中有三分之一是无人机；15年内，地面战车中应有三分之一是无人系统。这并不是要用无人系统代替飞行员及有人飞机，而是用它们补充有人飞机的能力，以便在高风险的任务中尽量少用飞行员。无人机的发展必将推动现代战争理论和无人战争体系的发展。

知识链接

驰骋长空——中国无人机

我国在很早的时候就开始重视和研制无人机了，这为未来国家安全保障打下了很好的基础。"战鹰"和"暗箭"就是我国无人机中的佼佼者。

"战鹰"是一款无人攻击机，主要执行压制/摧毁防空、纵深打击、高威胁区域战场侦察、时敏目标打击等任务。我国从1994年就开始启动"无人战鹰"的应用研究工作，并在2002年把无人战机送上了天空。

"暗剑"无人机采取的是双垂尾和鸭式前翼等技术，明显具有高速高机动性作战飞机的特征；它可以躲避雷达侦测，主要将用于未来对空作战。在未来战时，"暗剑"将通过预警机指挥，利用它的隐形和高速突入敌方空域，对敌方重点军事目标进行清除攻击。

"暗剑"的研发成功，标志着我国的无人机已经跻身世界先进行列。

细小玲珑——微型无人机

微型无人机是 20 世纪 90 年代中期才出现的，采用了当今顶尖的高新技术。它的翼展和长度小于 15 厘米，也就是说，最大的大约只有飞行中的燕子那么大，小的就只有昆虫大小。

微型飞行器从原理、设计到制造不同于传统概念上的飞机，它是微机电系统技术集成的产物。

美国正大力开发微型无人机技术，并研制各种微型无人机平台，有固定翼、旋翼及扑翼式三种。

Aero Vironment 公司研制的"黑蜘蛛"固定翼微型无人机成圆盘形，它的翼展 15 厘米，重 56.7 克，航程 3 千米，飞行速度 69 千米 / 小时，室外续航时间 20 分钟。飞行试验表明，"黑蜘蛛"的隐蔽性很好，很难看见或听到它，它的电动机的声音比鸟叫声小得多，人们一般情况下不知道它在哪里。

桑德斯公司研制的微星无人机翼展为 15 厘米，重 100 克，最大负载 15 克，耗电 15 瓦，续航时间 20~60 分钟，航程 5 千米，巡航

▲ 微型飞行器

速度 55.6 千米 / 时，飞行高度 15~91 米。微星将携带昼夜摄像机及发射机。地面站是一个 2.7 千克重的笔记本电脑，以后将改成手持式的终端。微星既可重复使用，也可一次性使用。

Lutronix 公司研制了一种垂直起降旋翼式无人机，名叫 Kollibri，它是在一个垂直圆柱顶端装上旋翼，摄像机装在底部，利用舵面控制俯仰、横滚及偏航，一个压电石英驱动器移动舵面。动力装置是一台电动机或者 0.1 马力的柴油发动机。无人机的直径 10 厘米，重 316 克，负载重量 100 克，微型柴油机重 37 克，燃料重 132 克，占整个无人机重量的一半以上。

微型无人机在 15 厘米时螺旋桨还可产生需要的效率，但在 7.62 厘米以下就需要采用翅膀了。对于较小的微型机，扑翼可能是一种可行的办法，因为它可以利用不稳定气流的空气动力学，以及利用肌肉一样的驱动器代替电动机。

加利福尼亚工学院与一些公司正在研制一种微型蝙蝠扑翼式无人机。微型蝙蝠的翼展为 15 厘米，重 10 克，具有像蜻蜓一样驱动的翅膀，扑翼频率为 20 赫兹。该机可携带一台微型摄像机，上下行链路或音响传感器。在试飞中它无控制地飞行了 18 分钟，46 米远，后因镍镉电池用完而坠地。

1998 年初，加利福尼亚大学研制了一种扑翼式微型无人机，叫机器苍蝇。机器苍蝇与真苍蝇差不多，它的身体用像纸一样薄的不锈钢制成，翅膀用聚酯树脂做成。机器苍蝇由太阳能电池驱动，一个微型压电石英驱动器以每秒 180 次的频率扇动它的 4 只小翅膀。驱动器的质量大大小于一只绿头苍蝇的质量，但它比肌肉产生的能量密度大得多。

▲ 蝙蝠扑翼式微型飞机

微型无人机在军事上有广泛的用途，它可进行侦察、生化战剂的探测、目标指示、通信中继、武器的发射，甚至可以对大型建筑物及军事设施的内部进行监视。它特别适合于

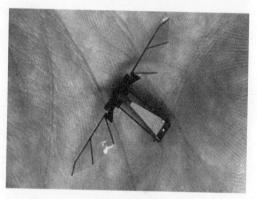

▲ 机器苍蝇

在城市作战中使用，可以填补卫星和侦察机达不到的盲区。机上装备的摄像机、红外传感器或雷达可将目标信息传回，士兵通过手掌上的显示器，可以看见山后或建筑物中的敌人。如果装上电子鼻，它甚至可以根据气味跟踪敌方某个要人。

微型无人机发展的潜力很大。在战场上，微型无人机，特别是昆虫式无人机，不易引起敌人的注意。即使在和平时期，微型无人机也是探测核生化污染、搜寻灾难幸存者、监视犯罪团伙的得力工具。

5. 太空畅游——空间机器人

人类开发和利用太空的能力在提高，但恶劣的空间环境给人类在太空的生存活动带来了巨大的威胁。在未来的空间活动中，将有大量的空间作业要做，这些工作是不可能仅仅只靠宇航员去完成，还必须充分利用空间机器人。

▲ 建成后的国际空间站

空间机器人主要从事的工作有：空间建筑与装配，例如无线电天线、太阳能电池、各个舱段的组装、人造空间站的建造等；卫星和其他航天器的维护与修理；空间生产和科学实验。

空间环境和地面环境差别很大，空间机器人工作在微重力、高真空、超低温、强辐射、照明差的环境中。

因此，空间机器人与地面机器人的要求也必然不相同，有它自身的特点。

首先，空间机器人的体积比较小、重量比较轻、抗干扰能力比较强。

其次，空间机器人的智能程度比较高，功能比较全。空间机器人消耗的能量要尽可能小，工作寿命要尽可能长，可靠性要求也比较高。

空间机器人在保证空间活动的安全性，提高生产效率和经济效益，扩大空间站的作用等方面都发挥了巨大的作用。

美好憧憬——旅居月球

到月球去定居可不是一件容易的事，首先要解决吃住的问题，没有水人类将无法生存，那么月球上的水够喝吗？月球是个缺水的星球，虽然在月球上发现了冰，但月球仍是一个干枯的星球。

1998年"轨道探测者"号携带的仪器分析表明，月球南极和北极表面厚40多厘米的土层中含有1000万～3亿吨水。但是，在月球上开采水以前，必须解决灰尘问题。

在每一次阿波罗号飞船执行任务时，都有一些细微灰尘污染仪器，这意味着机器人在月球上面漫游将非常艰难，甚至是不可能的。于是，科学家想用一个称为"诺曼德探险者"的大型月球车来取代传统的空间站，宇航员可在车内工作。

"诺曼德探险者"号将由一个大推力火箭送到月球，并在水源丰富的地方着陆，比如靠近两极。着陆后，它的机器人臂将它与一个辅助电源拖车连在一起。月球车和拖车拥有组合的燃料电池和太阳能充电系统，有足够的能源，它不仅可以行

▲ 空间机器人

▲ 月球车

走数千英里，而且可以供6名宇航员在舒服的条件下工作生活。

"诺曼德探险者"号与传统的月球车的差别在于，在它的外面有一个活动罩。月球车停在着陆器边上，着陆器带着科学仪器和建筑材料包。每一个包都有一个垫子，机器人臂平整一个地方后将垫子打开，将仪器设备在垫子上放好。一切安顿好后，月球车也驶到垫子上，它的罩子下降，与垫子形成一个临时的气密连接。当罩子内充好空气后，乘员将仪器组装调试好。完成工作后，乘员返回月球车，并将罩子与垫子分开，到下一个站点工作。

以后，这罩子可以用来采集样品或维修仪器。当月球车从一个地方移动到另一个地方的时候，它还可以铺设上光缆，为永久居住提供通信装备。

星际漫步——登上火星

1997年7月4日，美国航空航天局发射的火星"探路者"号宇宙飞船成功地在火星表面着陆，当时正是火星上日出前两小时。全世界的电视观众都目睹了这一壮举，它标志着人类在征服宇宙的长征中迈出了新的一步。

火星距离地球 1.92 亿千米，无线电信号由火星传到地球需要 19 分 30 秒的时间。探路者号是 1996 年 12 月 4 日由德尔塔 2 型运载火箭在肯尼迪航天中心发射的，经过 7 个月的飞行才达到火星。它降落在一个盆地中，距美国以前发射的海盗号飞船的降落地点约 1000 千米。

尽管 1976 年"海盗"1 号及 2 号飞船登上火星，发现火星上没有生命，但这次的不同之处在于，"探路者"号飞船首次携带着"机器人车"登上了火星，这就是闻名世界的"索杰纳"火星车。"索杰纳"的任务是对登陆器周围进行搜索，重点是探测火星的气候及地质方面的数据。

"探路者"登陆器上带有各种仪器及"索杰纳"火星车。1971 年，前苏联曾向火星发射了两辆火星车，但是一辆撞毁了，另一辆只工作了 20 秒钟。因此"索杰纳"是在另一颗行星上真正从事科学考察工作的第一台机器人车辆。

"索杰纳"是一辆自主式的机器人车辆，同时又可从地面对它进行遥控。设计中的关键是它的重量，科学家们成功地使它的重量不超过 11.5 千克。该车

▲ 火星探路者号

▲ "索杰纳"

上面装有不锈钢防滑链条，有6个车轮，每个车轮均为独立悬挂。车的前后均有独立的转向机构，最大速度为0.4米/秒。

"索杰纳"是由锗基片上的太阳能电池阵列供电的，可在16伏电压下提供最大16瓦的功率。它还装有一个备用的锂电池，可提供150瓦/时的最大功率。当火星车无法由太阳能电池供电时，可由它获得能量。

"索杰纳"的体积小，动作灵活，利用条形激光器和摄像机，它可自主判断前进的道路上是否有障碍物，并做出行动的决定。"索杰纳"携带的主要科学仪器有：一台质子X射线分光计，可分析火星岩石及土壤中存在的元素，并提供储量数据。从1997年7月4日登上火星之后，"索杰纳"和"探路者"就开始传回火星红色岩石的图像及每日的天气情况。

在火星上工作的几个月里，"索杰纳"共行驶了90多米，分析了岩石成分，拍摄了500多幅照片，而登陆器的摄像机共拍摄了1.6万多幅图像，发回26亿比特的科学数据。索杰纳原来的设计寿命为7天，登陆器为30天以上。实际上"索杰纳"工作了3个月，是原设计时间的12倍多。

知 识 链 接

人类为什么要选择探测火星?

　　答案与人类自身有关。科学家认为，火星上有可能存在生命和液态水，它有可能是适合人类居住的另一颗行星，人类也就有可能向火星移民，开辟新的生存空间。因此，从上世纪60年代开始，美国、前苏联、欧洲以及日本都竞相开始探索火星的历程。

　　1964年11月5日以来，人类总共向火星发射了30多次宇宙飞船、火星探测器等，但三分之二以失败告终，可是科学研究一直没有排除火星上存有生命的可能性。目前，美国的"火星环球勘测者"号和"奥德赛"号仍在火星附近轨道上工作运转，传回大量珍贵的资料照片。

　　过去30多年，太空船展示给我们的火星是一个多岩、寒冷、覆盖在模糊的粉红色天空之下的不毛之地。科学家们已经发现，火星曾经有过火山活跃时期、存在流星撞击形成巨大陨石坑，以及瞬间洪水冲刷的痕迹等。

第五节　劳动之友——农林业机器人

"面朝黄土背朝天，一年四季不得闲"作为一种传统的劳作方式，已经延续了几千年。但近年来各种农业机器人的问世，有望改变这种劳动方式。在农业机器人研发方面，目前日本居于世界各国之首。

在日本、美国等发达国家，农业人口较少，随着农业生产的规模化、多样化、精确化，劳动力不足的现象越来越明显。许多作业项目如蔬菜、水果的挑选与采摘，蔬菜的嫁接等都是劳动力密集型的工作，再加上时令的要求，劳动力问题很难解决。正是基于这种情况，农林业机器人应运而生。

使用机器人有很多好处，比如可以提高劳动生产率，解决劳动力的不足；改善农业的生产环境，防止农药、化肥等对人体的伤害；提高作业质量等。

而随着信息化时代的到来和设施农业、精确农业的出现，一向被视为落后的农业生产方式也必将乘上现代化的快车，而农业的新发展尤其离不开生物工程与信息化，在这方面，机器人具有得天独厚的能力。但是由于农业机器人所具有的技术和经济方面的特殊性，目前还没有得到普及。

农业机器人的特点：

（1）农业机器人一般要求边作业边移动。

（2）农业领域的行走不是连接出发点和终点的最短距离，而是具有狭窄的范围、较长的距离及遍及整个田间表面的特点。

（3）使用条件变化较大，如气候影响、道路的不平坦和在倾斜的地面上作业，还须考虑左右摇摆的问题。

▲ 农业机器人

（4）价格问题，工业机器人所需大量投资由工厂或工业集团支付，而农业机器人以个体经营为主，如果不是低价格，就很难推广和普及。

（5）农业机器人的使用者是农民，不是具有机械电子知识的工程师，因此要求农业机器人必须具有高可靠性和操作简单的特点。

进入 21 世纪以后，新型多功能农林业机械得到了日益广泛的应用，智能化机器人也在广阔的田野上和森林里越来越多地代替手工完成各种农活，第二次农业革命有了深入发展。

现在已开发出来的农林业机器人有：耕耘机器人、施肥机器人、除草机器人、喷药机器人、蔬菜嫁接机器人、收割机器人、蔬菜水果采摘机器人、林木修剪机器人、果实分拣机器人等。

■ 1. 分工细致——田间农业机器人

施肥机器人

美国明尼苏达州一家农业机械公司的研究人员推出的机器人别具一格，它会从不同土壤的实际情况出发，适量施肥。它经过准确计算，可以合理减少施肥的总量，降低农业成本。由

▲ 施肥机器人

于施肥科学，使地下水质得以改善。

除草机器人

德国农业专家采用计算机、全球定位系统（GPS）和灵巧的多用途拖拉机综合技术，研制出可准确施用除草剂除草的机器人。首先，由农业工人领着机器人在田间行走。在到达杂草多的地块时，它身上的 GPS 接收器便会显示出确定杂草位置的坐标定位图。农业工人先将这些信息当场按顺序输入便携式计算机，返回场部后再把上述信息数据资料输到拖拉机上的一台计算机里。当他们日后驾驶拖拉机进入田间耕作时，除草机器人便会严密监视行程位置。如果来到杂草区，它

的机载喷雾器相应部分立即启
动，让化学除草剂准确地喷洒
到所需的地点。

英国科技人员开发的菜田
除草机器人所使用的是一部摄
像机和一台识别野草、蔬菜和
土壤图像的计算机组合装置，

▲ 除草机器人

利用摄像机扫描和计算机图像分析，层层推进除草作业。它可以全天
候连续作业，除草时对土壤无侵蚀破坏。科学家还准备在此基础上，
研究与之配套的除草机械来代替除草剂。

收割机器人

美国新荷兰农业机械公司投资 250 万美元研制了一种多用途的自
动化联合收割机器人，著名的机器人专家雷德·惠特克主持设计工作，
他曾经成功地制造出能够用于监测地面扭曲、预报地震和探测火山喷
发活动征兆的航天飞机专用机器人。

惠特克开发的全自动联合收割机器人很适合在美国一些专属农垦
区的大片规划整齐的农田里收割庄稼，其中的一些高产农田的产量是
一般农田的十几倍。

▪ 2.事半功倍——采摘机器人 ▪

西班牙科技人员发明了一种采摘柑橘机器人，这种机器人由一台装有计算机的拖拉机、一套光学视觉系统和一个机械手组成，能够从橘子的大小、形状和颜色判断出是否成熟，决定可不可以采摘。它工作的速度极快，每分钟摘柑橘 60 个而靠手工只能摘 8 个左右。另外，采摘柑橘机器人通过装有视频器的机械手，能对摘下来的柑橘按大小马上进行分类。

英国是世界上盛产蘑菇的国家，蘑菇种植业已成为排名第二的园艺作物。据统计，人工每年的蘑菇采摘量为 11 万吨，盈利十分可观。

为了提高采摘速度，使人逐步摆脱这一繁重的农活，英国西尔索农机研究所研制出采摘蘑菇机器人。它装有摄像机和视觉图像分析软件，用来鉴别所采摘蘑菇的数量及属于哪个等级，从而决定运作程序。采摘蘑菇机器人在机上的一架红外线测距仪测定出田间蘑菇的高度之

▲ 采摘机器人

后，真空吸柄就会自动地伸向采摘部位，根据需要弯曲和扭转，将采摘的蘑菇及时投入到紧跟其后的运输机中。它每分钟可采摘几十个蘑菇，速度是人工的两倍。

日本人则开发了西瓜收

获机器人，这种西瓜收获机器人采用油压驱动，比以蓄电池为动力源的电气驱动要经济得多。这种机器人采用了油缸控制，这样做也降低了机器人的成本。作为动力源的内燃发动机驱动2台油压泵，其中的一台是用于驱动机械手，另一台是为操纵行走车辆的方向盘以及驱动制动器的控制油缸，它比前一台的压力要大得多。

机械手是由4个由4节连杆构成的手指组成的系统，在手指的尖端装有滑轮。当机械手抓拿西瓜时，机械手从西瓜上面降下，手指的滑轮沿西瓜表面边滑动边下降，当到达最下端时就停止；上升时，利用西瓜自身的重量，使机械手自锁，利用这种方式来抓取西瓜。

3. 好坏分明——分拣机器人

在农业生产中，将各种果实分拣归类是一项必不可少的农活，往往需要投入大量的劳动力。英国西尔索农机研究所的研究人员开发出一种结构坚固耐用、操作简便的果实分拣机器人，从而使果实的分拣实现了自动化。

它采用光电图像辨别和提升分拣机械组合装置，可以在潮湿和泥泞的环境里干活，它能

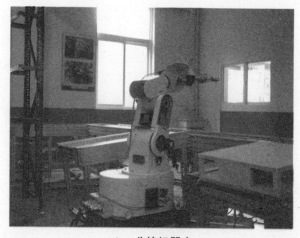

▲ 分拣机器人

135

把大个西红柿和小粒
樱桃加以区别，然后分
拣装运，并且不会擦伤
果实的外皮。

20世纪70年代，
人们就利用超声波检
查挑拣变质的蔬菜和
水果，但对外表不易

▲ 嫁接机器人

觉察的烂土豆则无能为力。英国人曾研究了遥控机械系统，通过电
视屏幕上看土豆，只需用指示棒碰一下烂土豆图像，专门的装置便
可以把烂土豆挑拣出来扔掉。但这种机器离开人就不能工作。后来
专家发现，土豆良好部分和腐烂部分对红外线反射是不同的，于是
发明用光学方法挑拣土豆。土豆是椭圆体，为了能够观察到土豆的
各个部位，机器人具备了传感器、物镜和电子——光学系统。一个
小时它就可以挑拣3吨土豆，可以代替6名挑拣工人的劳动，工作
质量大大超过人工作业。

现在自动分拣机器人已得了广泛的应用。日本研制的西红柿分选
机每小时可分选出成百上千个西红柿。日本研制的苹果自动分送机，
可根据颜色、光泽、大小分类，并送入不同容器内。日本研制的自动
选蛋机，每小时可处理几千个蛋。

4. 园艺高超——嫁接机器人

嫁接机器人技术，是近年在国际上出现的一种集机械、自动控制与园艺技术于一体的高新技术，它可在极短的时间内，把蔬菜苗茎秆直径为几毫米的砧木、穗木的切口嫁接为一体，使嫁接速度大幅度提高并能大大提高嫁接成活率。

日本西瓜的 100%，黄瓜的 90%，茄子的 96% 都靠嫁接栽培，每年大约嫁接十多亿棵。从 1986 年起日本开始了对嫁接机器人的研究，其成果已开始在一些农协的育苗中心使用。总体来讲，日本研制开发的嫁接机器人有较高的自动化水平，但是机器体积庞大，结构复杂，价格昂贵。

20 世纪 90 年代初，韩国也开始了对自动化嫁接技术进行研究，但其研究开发的技术，只是完成部分嫁接作业的机械操作，自动化水平较低、速度慢，而且对砧、穗木苗的粗细程度有较严格的要求。我国在 20 世纪 80 年代初期，出现了把黄瓜、西瓜嫁接到云南黑籽南瓜的栽培方法，提高了抗病和耐低温能力。中国农业大学率先在开展了自动化嫁接技术的研究工作，先后研制成功了自动插接法、自动旋切贴合法嫁接技术，填补了我国自动化嫁接技术的空白，形成了具有我国自主知识产权的自动化嫁接技术。如利用传感器和计算机图像处理技术，实现了嫁接苗子叶方向的自动识别和判断。嫁接机器人能完成砧木、穗木的取苗、切苗、接合、固定、排苗等嫁接过程的自动化作业。操作者只需把砧木和穗木放到相应的供苗台上，其余嫁接作业均由机器自动完成，从而大大提高了作业效率和质量，减轻了劳动强度。嫁接机器人可以进行黄瓜、西瓜、甜瓜苗的自动嫁接，为蔬菜、瓜果自动嫁接技术的产业化提供了可靠条件。

■ 5. 不同凡响——采集机器人 ■

在林业生产中，林木球果的采集一直是个难题，国内外虽已研制出了多种球果采集机，如升降机、树干振动机等，但由于这些机械本身都存在着这样或那样的缺点，所以没有被广泛使用。

目前在林区仍主要采用人工上树手持专用工具来采摘林木球果，这样不仅工人劳动强度大、作业安全性差、生产率低，而且对母树损坏也较多。为了解决这个问题，东北林业大学研制出了林木球果采集机器人。该机器人可以在较短的林木球果成熟期大量采摘种子，对森林的生态保护、森林的更新以及森林的可持续发展等方面都有重要的意义。

林木球果采集机器人由机械手、行走机构、液压驱动系统和单片机控制系统组成。其中机械手由回转盘、立柱、大臂、小臂和采集爪组成，整个机械手共有5个自由度。在采集林木球果时，将机器人停放在距母树3~5米处，操纵机械手回转马达使机械手对准其中一棵母树，然后单片机系统控制机械手大、小臂同时柔性升起达到一定高度，采集爪张开并摆动，对准要采集的树枝，大小臂同时运动，使采集爪沿着树枝生长方向趋近 1.5~2 米，然后采集爪的梳齿夹拢果枝，大小臂带动采集抓爪按原路向后捋回，梳下枝上的球果，完成一次采摘，然后再重复上述动作。连捋数枝后，将球果倒入拖拉机后部的集果箱中。采集完一棵树，再转动机械手对准下一棵。

▲　采集机器人

试验表明，这种球果采集机器人每台能采集落叶松果 500 千克，是人工上树采摘的 30~35 倍。另外，更换不同齿距的梳齿则可用于各种林木球果的采集。这种机器人采摘林木球果时，对母树破坏较小，采净率高，对森林生态环境的保护及林业的可持续发展有益。

■ 6.挖掘能手——伐根机器人 ■

我国森林面积 19545.22 万公顷，活立木总蓄积 149.13 亿立方米，森林蓄积 137.21 亿立方米，森林覆盖率 20.36%，比 1949 年的 8.6% 净增 11.76 个百分点。我国森林面积居俄罗斯、巴西、加拿大、美国之后，列世界第五位；森林蓄积量居巴西、俄罗斯、美国、加拿大、刚果民主共和国之后，列世界第六位。我国人工林保存面积 6168.84 万公顷，蓄积 19.61 亿立方米，人工林面积列世界第一位。为改进森林资源利用和发挥林地效益，就必然要充分利用森林采伐剩余物，培育优质工业用材林。

在采伐剩余物中，伐根占有相当大的比重。伐区的伐根蓄积量很大，用途广（伐根可用于硫酸盐纸浆生产，微生物工业和制造木塑料等）。将伐根取出利用，经济效益极为可观。伐根清除后的林地易于人工更新造林，并可以清除繁殖在伐根上损害树木的病虫害和真菌。

在我国原始林区和人工林中，伐根清理很少，一般留在采伐迹地任其腐朽，所以伐根清理是高效地利用伐区剩余物和伐区迹地更新造林的关键。

目前，在我国伐根清理中应用的各种方式、方法都存在着劳动强度大，作业安全性差，作业效率、经济效益低，环境生态效益差等问题。国外的伐根清理机械共同特点是功率大但价格昂贵，国内无法引进推广。

为了解决这个问题，针对国内外伐根清理机械的情况，结合我国的国情和林情，东北林业大学研制了一种先进、经济适用、效率高、对地表破坏程度小、伐根收集率高、清除伐根程度符合森林更新要求、对环境没有污染的智能型伐根清理机器人。使用智能伐根清理机器人，在一个停靠位置，即清理周围半径 8 米范围内的伐根，是人工挖根的 50 多倍。同时地表坑径小，利于造林，减少了采伐地水土流失，减轻了劳动程度，保证了安全作业。

智能型伐根清理机器人主要由行走机构、机械手、液压驱动系统

和控制系统等组成。其中机械手
安装在具有行走功能的回转平
台上，由回转盘、大臂、小臂
和旋切提拔装置组成。为能实
现在各种不同坡度、地型进行
清理伐根，机械手具有6个自由
度。旋切提拔装置由万能切刀、
提拔筒、四爪抓取机构等组成，
在液压系统的驱动下可以实现

▲ 伐根机器人

各种俯仰、旋转、抓取。该机器人的驾驶室内利用摄像镜头和显示器
组成实时监控系统对作业目标进行搜索，操作人员可以在机器人驾驶
室内即可进行伐根清理作业。

使用智能型伐根机器人，对促进人工更新造林和保护生态环境具
有现实的意义和实用价值，该机器人在林业生产、城市建设绿化、输
变电线路改造与建设等方面具有广阔的应用前景。

7. 进退自如——喷药机器人

为了防治树木的病虫害，就要给树木喷洒农药，为了改善劳动条
件，防止农药对作业人员的毒害，日本开发出来了喷农药的机器人。

这种机器人的外形很像一部小汽车，机器人上装有感应传感器、
自动喷药控制装置（就是一台能处理来自各传感器的信号以及控制各

▲ 喷药机器人

执行元件的计算机）以及压力传感器等。

在果园内，沿着喷药作业路径铺设感应电缆，对于栽种苹果树这样的果园，是把感应电缆铺设在地表或者是地下（大约30米深的地方），而对于像栽种葡萄等的果园，则感应电缆架设在空中（地上150~200米处）。相邻电缆的距离最小为1.5米左右，电缆的长度则受信号发送机功率以及电缆电阻的限制。工作时，电缆中流过由发送机发出的电流，在电缆周围产生磁场。机器人上的控制装置根据传感器检测到的磁场信号控制机器人的走向。

机器人在作业时，不需要手动控制，能够完全自动对树木进行喷药。机器人控制系统还能够根据方向传感器和速度传感器的输出，判断是直行还是转弯。当药罐中的药液用完时，机器人能自动停止喷药和行走。在作业路径的终点，感应电缆铺设成锐角形状，于是由于磁场的相互干扰，感应传感器就检测不到信号，于是所有功能就会停止下来。当机器人的自动功能解除时，还可以利用遥控装置或手动操作运行，把机器人移动到作业起点或药液补充地点。

机器人在工作时的安全是十分重要的，这个喷药机器人在前端装有 2 个障碍物传感器（就是一种超声波传感器），前端还装有接触传感器，当机器人和障碍物接触时，接触传感器发出信号，动作全部停止；在机器人左右两侧还装有紧急手动按

▲　机器喷洒农药

钮，当发生异常情况时，可以用手动按钮紧急停止。

另外当信号发送机出现故障，感应电缆断线或者机器人偏离感应电缆时，由于感应传感器检测不到磁场信号，机器人就会自动停止。这些功能使机器人在作业时，保证了机器人和周围环境的安全。

使用喷农药机器人不仅使工作人员避免了农药的伤害，还可以由一人同时管理多台机器人，这样也就提高了生产效率，所以这种机器人将会有更大的发展。

第六节 快乐天使——娱乐机器人

娱乐机器人以供人观赏、娱乐为目的，具有机器人的外部特征，可以像人，像某种动物，像童话或科幻小说中的人物等。同时它还具有机器人的功能，可以行走或完成动作，可以有语言能力，会唱歌，有一定的感知能力。另外，一些娱乐机器人还可以像人一样进行比赛。

▲ 机器人的生活

1.大显身手——足球机器人

现在，机器人足球比赛是一种时尚运动，很多国家都有了自己的机器人足球比赛。在世界上比较有影响的赛事主要有两个，一个是由国际机器人足球联合会组织的"微机器人世界杯"；另一个是由国际人工智能协会组织的"机器人世界杯"。

国际机器人足球联合会成立于 1997 年，总部设在韩国的大田，每年组织一次机器人足球世界杯，相伴而行的还要举行这一领域的学术研讨。1996 年在韩国举行了首届机器人足球世界杯，来自 7 个国家的 23 支代表队参加了比赛。1997 年 6 月 1~5 日来自 9 个国家的 22 支代表队参加了 2 个项目的角逐。第三届比赛在巴黎与第 16 届足球世界杯同期举行，有 13 个国家的 39 个代表队参加了 4 个项目决赛阶段的比赛。

由于参赛队增加，1999 年第四届分 4 个赛区进行了预选赛，角逐决赛阶段 4 个项目的 32 个名额，比赛已达到相当的规模和水平。2000 年第五届"机器人足球世界杯"在悉尼与奥运会相伴而行；2001 年的第六届"机器人足球世界杯"在中国举行；2002 年的"机器人足球世界杯"在韩国举行；2003 年"机器人足球世界杯"在奥地利首都维也纳举行；2004 年"机器人足球世界杯"在葡萄牙的里斯本举行；2005 年"机器人足球世界杯"在日本的大阪举行；2006 年"机器人足球世界杯"在德国的汉堡举行；2007 年"机器人足球世界杯"在美国亚特兰大佐治亚理工学院举行；2008 年"机器人足球世界杯"在中

▲ 机器人球赛

国青岛市举行；2009 年"机器人足球世界杯"在奥地利的格拉茨举行；

2010 年"机器人足球世界杯"在新加坡举行。

比赛的主要项目如下：

项目	名称	机器人		场地	
		尺寸（厘米）	尺寸（厘米）	尺寸（厘米）	球
NAROSOT	超微机器人足球赛	4×4×5	5	130×90	乒乓球
S—MIROSOT	单微机器人足球赛	7.5×7.5×7.5	1	130×90	高尔夫球
MIROSOT	微机器人足球赛	7.5×7.5×7.5	3	150×130	高尔夫球
ROBOSOT	小型机器人足球赛	15×15×30	3	220×150	曲棍球
HUROSOT	拟人机器人足球赛	15×40（有两条腿）	正在策划中		

机器人足球的另一个重要分支是由国际人工智能学会组织的"机器人世界杯"赛，它的比赛项目有三个：（1）小型机器人比赛（直径小于 15 厘米）；（2）中型机器人比赛（15~50 厘米）；（3）电脑模拟比赛。它要求参赛的机器人是自主式的，其复杂程度和制作成本较高。

1997 年在日本举行了第一届"机器人足球世界杯"赛，有 40 多个队参加了比赛，然后每年举行一届。1998 年第二届在法国巴黎举行，有 60 多个队参加了比赛。1999 年第三届在瑞典的斯德哥尔摩举行。

2000 年第四届在澳大利亚的墨尔本举行，有约 100 个队参加了比赛。

▲ 机器人足球赛

机器人足球是一项极具魅力的比赛，也可以看做是一种高技术的竞技项目。机器人足球的高技术可以概括为 12 个字："实时采集、实时控制、实时行动"。

在足球机器人系统的开发要涉及机器人学、机电一体化、通信与计算机技术等、图像处理、传感器数据融合、决策与对策、模糊神经网络、人工生命与智能控制等学科的内容。

除了机器人足球比赛外，其他形式的机器人比赛也很多，比如：国际奥林匹克机器人大赛，NHK 国际机器人比赛等。比赛的内容非常丰富，包括：表演赛、跳远、走迷宫、相扑、打乒乓球等。

2. 口若悬河——聊天机器人

世界上最早的聊天机器人诞生于 20 世纪 80 年代，这款机器人名为"阿尔贝特"，用 BASIC 语言编写而成。但今天的互联网上，已出现诸如"比利""艾丽斯"等聊天机器人。据悉，还有一个"约翰·列依人工智能计划"，以再现当年"甲壳虫"乐队主唱的风采为目标。

（1）世界著名的聊天机器人

① TalkBot

最初作为一个在线聊天系统，TalkBot 是克莉斯·克

▲ 会聊天的机器人

沃特于 1998 年用计算机语言编写完成的，并于 2001 年和 2002 年两次获得"Chatterbox Challenge"比赛的冠军。

②艾尔伯特

在德语聊天机器人查理的程序改进后诞生了艾尔伯特，2000 年底德语版艾尔伯特就开始在线聊天，并且到了 2001 年连英语版也有了。在 2003 年获得"Chatterbox Challenge"比赛冠军。

③伊莉斯

讲德语的聊天机器人。伊莉斯由 Java 分子编辑器前端、Java 服务器以及一种知识编辑器组成。其中，

▲ 机器人聊天

知识程序包括了 1100 多节点，而且还在不停升级。

④艾丽斯

1995 年 11 月 23 日，艾丽斯诞生了。艾丽斯的名字是由英文"人工语言在线计算机实体"的头一个字母的缩写拼成。科学家华莱士将这个聊天程序安装到网络服务器，然后待在一边观察网民会对它说什么。随着华莱士对艾丽斯的升级与艾丽斯聊天经验的日渐丰富，艾丽斯越来越厉害。2000 年、2001 年、2004 年艾丽斯三夺勒布纳奖。艾丽斯是乔治的强劲对手，曾一度被认为是最聪明的聊天机器人。

⑤蕾拉伯特

由原始的艾丽斯程序改头换面而来。整个程序和华莱士在 2002 年编写的艾丽斯的程序基本没什么差别。蕾拉伯特的存在是试图对基本的"人工语言在线计算机实体"聊天机器人的性能、功能提供一个范本。

（2）中文聊天机器人

基于中文聊天的机器人技术也日趋成熟，国内目前已经出现了不少聊天机器人，比如赢思软件的小 i、爱博的小 A、还有小

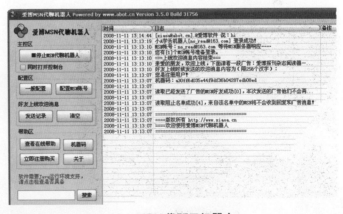

▲ MSN 代聊天机器人

强等。这些机器人也已经日益成为网民上网的好伙伴。赢思软件推出的小 i 还有很多丰富的功能，让办公室白领能够更加轻松地交流。

另外，聊天机器人也被应用到了商务和政务领域，很多网站上已经有了 MSN 机器人或者 Web 机器人，让互动交流变得更加方便和人性化。

3.表情丰富——宠物机器人

东京电子通信大学机械控制工程系研制开发出了一种能表达简单情感的宠物机器人。这种机器人的前肢、耳朵和嘴巴都可以用来表达情感，例如高兴、愤怒和吃惊等。各种年龄组的人都能很容易地从机器人的动作中理解它要表达的情感。

这种机器人的形状像一只呢绒玩具狗，携带很方便，它的腿、耳朵、脖子、嘴和尾巴都能活动。腿、脖子和耳朵都能向四个方向活动，嘴和尾巴能向两个方向活动。为了能和人保持一种亲和关系。这种机器人采用了无线形式并装有两个触摸传感器，通过触摸的方式与人进行通信，将人的要求传递给机器人。在这种机器人的眼睛和头顶还装有音响报警灯，能表达许多其他的情感。

▲ 机器小鸟

可以为这种机器人编程，使它可以表达出 8 种不同的感情，比如高兴、愤怒、吃惊、悲伤、同意、拒绝、叫喊和表示遇到紧急情况。高兴时，机器人就能摇动它的腿；愤怒时，它的眼灯就会发亮，身体颤抖。

▲ 宠物机器人

情不自禁——机器小狗

1999 年 6 月，日本索尼公司宣布，将在日本和美国限量销售索尼公司研制的娱乐机器人——机器小狗"爱宝"，结果首次投放市场就销售一空。

▲ 电影中的外星机器人

"爱宝"之所以受欢迎，不仅在于它有漂亮的外观，而且与真狗十分相近。"爱宝"有 6 种不同的情感状态：喜、怒、哀、惊、惧和怨。机器小狗的情感变化可以由各种原因引起，也可以相互影响。"爱宝"的 6 种感情状态呈现给人一个丰富多彩的感情世界。"爱宝"有 4 种不同的本能：爱、寻找、运动和饥饿（充

▲ 机器小狗"爱宝"

电），这些本能构成了它的一些基本行为。

"爱宝"也像幼童一样有学习期、成长期和成年期。在学习期它可以经过人的辅导培养本领和性格；在成长期可以了解周围世界，观察和倾听各种事情，积累经验；在成年期则具有丰富的情感、自主的本能和与主人进行交流。

一般来说，要想将一个蹒跚学步的"爱宝"养成一个成年机器人需要几个月的时间。但是，"爱宝"成长的速度变化很大，这主要取决于它与人的接触的方式和它的生活环境。

为了使爱宝与人共处，科研人员给"爱宝"设计了4条腿，就像狗或猫一样，这两种动物长期是人类的伙伴。"爱宝"有18个电机，也称为18个自由度，这使得爱宝不仅能走动，而且能完成坐、伸展等动作，摔倒后还可以站起来，可以用腹部爬行，还可以像真的小狗一样玩耍。

"爱宝"的传感器与人的感知器官相对应，用于感知周边环境和与人交流。"爱宝"的头上有触觉传感器，你可以轻轻拍一拍它，表示友好。"爱宝"利用两个麦克风聆听周围的声音，在遥控模式下可以通过声音对它下命令。

海尔机器人公司也推出了一种机器狗，它可以摇头摆尾，眼睛发光，"唱"几首流行歌曲。可以预料，我国企业自产的更可爱的机器宠物：狗、猫、鱼、鸟，能开能闭、能变色、有香味的花，及其他你喜欢的小玩意儿，将可能成为你生活中的"伴侣"。

4.随波荡漾——鱼形机器人

鱼类仅靠扭动身体，便能在水中悠闲地游来游去，而人类制造的轮船则不得不依靠螺旋桨才能前进。能不能尝试着用另外一种方法，让轮船像鱼一样在水中忽东忽西、自由自在呢？

在北京航空航天大学机器人研究所，一条长0.8米的机器鱼在一项全新的仿生学研究成果——波动推进下，顺利实现了不用螺旋桨的设想。

鱼体是一个平面6关节机构（即有6节鱼身），包括鱼头和鱼尾两个部分。鱼头是利用玻璃钢制作的，仿造鲨鱼外形的壳体。整个鱼的动力电池和控制接收部分都放在鱼头里。鱼尾的6个伺服电机扭转摆动作为推动器。这种机器鱼与日本推出的宠物机

▲ 鱼形机器人

鱼并不相同，宠物机器鱼依靠的是内置太阳能电池和马达作为推进器。

机器鱼重 800 克，在水中最大速度为每秒 0.6 米，能耗效率为 70%~90%，控制上采取的是计算机遥控的

▲ 机器海豚

方式。在各种演示游动的场合中，机器鱼以其逼真的游动形态，吸引了很多人前来围观，许多人都误以为这是一条真鱼。

5. 挥毫泼墨——书法机器人

在数字化技术飞速发展的今天，对书法的书写技巧进行适当的数字化处理，将中国古老的书法艺术与能够集中体现现代高新技术的机电一体化产品——机器人完美地结合起来，书法机器人就应运而生了。

已经研制出来的一种书法机器人系统主要由以下部分组成：机器人本体；机器人控制器；型号不同的毛笔若干支，连续打印

▲ 书法机器人

纸，墨汁，印泥和印章等附件；上纸和切纸机构；机器人书写平台；电源。

这种书法机器人系统的计算机采用了视窗 windows10 操作系统，主要是利用其易用性，方便普通用户或参观者对机器人进行操作。此外，根据系统的需要，编制了大量应用软件。

这种书法机器人系统具有一个十分友好的用户界面，以便参观者，特别是中小学生参观者能够顺利地进入和操作该书写系统。该用户界面不但有很清晰的界面，同时还有语音提示。

书法机器人系统的工作流程及功能如下：

书法机器人系统启动后，参观者在语音的提示下，通过电脑屏幕选择要求机器人书写的内容（该内容必须是机器人书写字库中的文字）。此时，参观者可以选择不同的文字或者诗句，同一个文字又可以选择不同的字体，如：楷书、隶书、草书等。

按下"确定"后，机器人根据参观者所选择的书写字数的多少，自动确定字体的大小和版式（横排或竖排），以便能够完整、合理和美观地

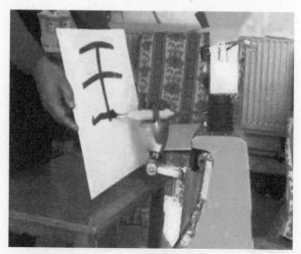

▲ 书法机器人

书写所选文字。然后，机器人根据字体的大小从笔架上选取相应型号的毛笔，并蘸上墨，润笔。

同时，上纸输送系统自动上纸，将空白纸输送到书写位置。然后，机器人模仿人的书写方法开始书写。在书写过程中的适当时候，机器人能够自动完成润笔等动作。

书写完成后，机器人收笔并将毛笔放回毛笔架上，然后抓取印章，为所书作品盖章。上纸输送系统自动走纸，烘干墨迹，切纸，并将作品从出纸口送出。机器人在表演的整个过程中均为自动运行，无需其他人员的介入。

6.惟妙惟肖——音乐演奏机器人

上海交通大学机器人所培育了一位"长笛演奏家"，只见它用10个金属手指灵活地按动发音孔，吹出一曲悠扬的《春江花月夜》。除了模拟手指，这位"演奏家"还有一个人工肺，吸气、吐气都受过"专门训练"，音域圆润而宽广。

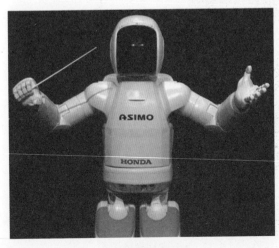
▲ 音乐演奏机器人

以假乱真——机器人"帕瓦罗蒂"

几年前，美国特种机器

人协会曾举办了一场别开生面的
音乐会，演唱者是世界男高音之
王"帕瓦罗蒂"，这位"帕瓦罗
蒂"并不是意大利著名的歌唱家
帕瓦罗蒂，而是美国艾奥瓦州州
立大学研制的机器人歌手"帕瓦
罗蒂"。

▲ 音乐演奏机器人

演出开始，"帕瓦罗蒂"身
着他习惯穿的黑白相间的礼服，
走上舞台，手里还拿着白手绢。
当他放声高歌时，不仅唱出了两个 8 度以上的高音，而且被歌唱家们
视为畏途的高音 C，他也能唱得清脆圆润具有"穿透力"。

演唱完毕，应听众的要求和提问，"帕瓦罗蒂"还作了自我介
绍和回答提问。机器人歌手的回答诙谐幽默，妙语连珠。他的语调声
音，用词造句与帕瓦罗蒂如出一人。演唱结束后，"帕瓦罗蒂"还
为他的崇拜者们签名留念，当一位崇拜者递上一张帕瓦罗蒂的照片
时，"帕瓦罗蒂"习惯地在照片的左上角一丝不苟地写下了他的大名
"Pavarotti"，其笔迹与真帕瓦罗蒂的笔迹丝毫不差。

整个演唱会掀起了波澜。在记者们紧追不舍的逼问下，研制专家
们透露了一些内部信息：他们的机器人歌手之所以表演得如此逼真，

是因为他们事先成功地获得了帕瓦罗蒂演唱时胸腔、颅腔和腹腔内空气振动的频率、波长、压力及空气的流量等数据，再用先进的电脑系统进行"最逼真的模拟"，然后再进行仿制。

■ 7.风靡日本——机器人相扑大赛 ■

相扑运动是深受日本民众喜爱的一种体育运动，出于对相扑运动的喜爱，日本于1990年3月举行了第一届机器人相扑大会，大会举办得相当成功，于是同年12月又举行了第二届机器人相扑大会。

机器人相扑比赛的规则要求机器人的长和宽不得超过20厘米，重量不得超过3千克，对机器人的身高没有要求。机器人的比赛场地是高5厘米，直径为154厘米的圆形台面。台面上敷以黑色的硬质橡胶，硬质橡胶的边缘处涂有5厘米宽的白线。

这种以黑白两色构成边界线的比赛场地便于相扑机器人利用低成本的光电传感器进行边界识别。相扑机器人使用的传感器有：超声波传感器、触觉传感器等，成本也都不高。正是由于费用不太高，所以发展很快，到1993年的第

▲ 相扑机器人

四届时参赛机器人已超过1000台。由于竞技过程是双方机器人"身体"的直接较量，气氛紧张、比赛激烈。

机器人相扑比赛的规则比较宽松，给参赛者留有较大的发挥空间。比如，为了防止被对手推下赛台，有的相扑机器人采用了必要时可将自己的底部吸附在比赛场地的方法，并靠这种策略多次赢得了胜利。

知 识 链 接

机器人足球的科学意义

从科学研究的观点看，包括能进行体育比赛的所有机器人可以抽象为具有自主性、社会性、反应性和能动性的"自主体"。由这些自主体以及相关的人构成的多主体系统，是未来物理和信息世界的一个缩影。

其基本问题是自主体（包括人）之间的协调与发展，主要研究内容包括自主体设计、多主体系统体系结构、自主体协商与合作、自动推理、规划、机器学习与知识获取、认知建模、系统生态和进化等一系列专题。

这些专题有的是新提出的（如"合作"），有的是过去没有能彻底解决并在新的条件下更加复杂化的（如机器学习）。这些问题不解决，未来社会所需的一系列关键性技术就无法得到。

变电站巡检机器人

变电站巡检机器人主要应用于室外变电站代替巡视人员进行巡视检查。它是集多项技术于一体的复杂系统，采用完全自主或遥控方式，对站内设备进行巡检，对图像进行分析和判断，及时发现电力设备的缺陷、外观异常问题。

第三章

相濡以沫——
机器人与人类

第一节　傲慢与偏见——人类的困惑

　　随着社会的不断发展，各行各业的分工越来越明细，尤其是在现代化的大产业中，有的人每天就只管拧一批产品的同一个部位上的一个螺母；有的人整天就是接一个线头，就像电影《摩登时代》中演示的那样。人们感到自己在不断异化，各种职业病逐渐产生。人们强烈希望用某种机器代替自己工作，因此人们研制出了机器人，用以代替人们去完成那些单调、枯燥或是危险的工作。

▲　为人类带来诸多便利服务的机器人

　　由于机器人的问世，使一部分工人失去了原来的工作，于是有人对机器人产生了敌意。"机器人上岗，人将下岗"。不仅在我国，即使在一些发达国家如美国，也有人持这种观念。其实这种担心是多余的，任何先进的机器设备，都会提高劳动生产率和产品质量，创造出更多的社会财富，也就必然提供更多的就业机会，这已被人类生产发展史所证明。任何新事物的出现都有利有弊，只不过利大于弊，很快就得到了人们的认可。

比如汽车的出现，它不仅夺了一部分人力车夫、挑夫的生意，还常常出车祸，给人类生命财产带来威胁。虽然人们都看到了汽车的这些弊端，但它还是成了人们日常生活中必不可少的交通工具。英国一位著名的政治家针对关于工业机器人的这一问题说过这样一段话："日本机器人的数量居世界首位，而失业人口最少，英国机器人数量在发达国家中最少，而失业人口居高不下。"这也从另一个侧面说明了机器人是不会抢人饭碗的。

美国是机器人的发源地，机器人的拥有却远远少于日本，其中部分原因就是因为美国有些工人不欢迎机器人，从而抑制了机器人的发展。日本之所以能迅速成为机器人大国，原因是多方面的，但其中很重要的一条就是当时日本劳动力短缺，政府和企业都希望发展机器人，国民也都欢迎使用机器人。由于使用了机器人，日本也尝到了甜头，它的汽车、电子工业迅速崛起，很快占领了世界市场。

从现在世界工业发展的潮流看，发展机器人是一条必由之路。没有机器人，人将变为机器；有了机器人，人仍然是主人。

1. 心存疑虑——机器人和人是否能友好相处

不论是工业机器人还是特种机器人（尤其是服务机器人）都存在一个与人相处的问题，最重要的是不能伤害人。然而由于某些机器人系统的不完善，在机器人使用的前期，引发了一系列意想不到的事故。

1978 年 9 月 6 日，日本广岛一家工厂的切割机器人在切钢板时，突然发生异常，将一名值班工人当做钢板操作，这是世界上第一宗机器人杀人事件。

1982 年 5 月，日本山梨县阀门加工厂的一个工人，正在调整停工状态的螺纹加工机器人时，机器人突然启动，抱住工人旋转起来，造成了悲剧。

1985 年前苏联发生了一起家喻户晓的智能机器人棋手杀人事件。前苏国际象棋冠军古德柯夫同机器人棋手

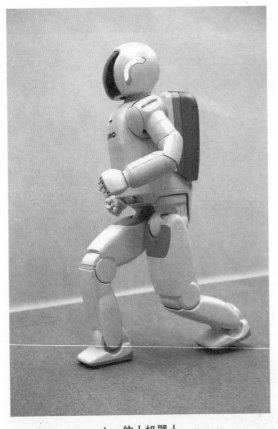

▲ 仿人机器人

下棋连胜3局，机器人棋手突然出现故障，向金属棋盘释放强大的电流，在众目睽睽之下将这位国际大师击倒。

这些触目惊心的事实，给人们使用机器人带来了心

▲ 工业机器人

理障碍，于是人们展开了"机器人是福是祸"的讨论。

面对机器人带来的威胁，日本邮政和电信部门组织了一个研究小组，对此进行研究。专家认为，机器人发生事故的原因不外乎3种：硬件系统故障；软件系统故障；电磁波的干扰。

这种意外伤人事件是偶然也是必然的，因为任何一个新生事物的出现总有其不完善的一面。随着机器人技术的不断发展与进步，这种意外伤人事件越来越少。正是由于机器人安全、可靠地完成了人类交给的各项任务，使人们使用机器人的热情才越来越高。

美国正在研究一种航天器内使用的机器人，计划在2020年前后被宇航员带入太空，做一些宇航员无法做到的事情，成为宇航员最得力的助理。这种机器人只有垒球那么大，可以对航天器中的生命维持系统进

行自动监视、摄像和排除障碍等，同时还可以代替已损坏的传感器完成监视任务。可以说，有了它，今后的航天器在太空中飞行将更加安全。

■ 2. 自我否定——"更深的蓝"战胜了什么 ■

北京时间 1997 年 5 月 12 日，当"深蓝"将棋盘上的兵走到 C4 位置时，卡斯帕罗夫推枰认负。至此轰动全球的第二次人机大战结束，"深蓝"以 3.5 ：2.5 的微弱优势取得了胜利。

"更深的蓝"是美国 IBM 公司生产的一台超级国际象棋电脑，重1270 千克，有 32 个大脑（微处理器），每秒钟可以计算 2 亿步。"更深的蓝"输入了一百多年来优秀棋手的对局两百多万局。

卡斯帕罗夫是人类有史以来最伟大的棋手，在国际象棋棋坛上他独步天下，无人能及。前世界冠军卡尔波夫号称是唯一能与他抗衡的棋手，但在两人交战史上，每次都是卡斯帕罗夫获胜。可是，在临近世纪末的 1997 年，孤独求败的卡斯帕罗夫不得不承认自己输了，而战胜他的是一台没有生命力、没有感情的电脑。也许这是一次偶然的事件，可是，该件事使人类看到了一个自己不愿

▲ 棋王卡斯帕罗夫与机器人下棋

看到的结果：人类的工具终于有一天会战胜自己。

"深蓝"和卡斯帕罗夫曾于1996年交过手，结果卡斯帕罗夫以 4 ：2 战胜了"深蓝"。经过一年多的改进，"深蓝"有了更强的能力，因此又被称为"更深的蓝"。"更深的蓝"与一年前的"深蓝"相比具有了非常强的进攻性，在和平的局面下也善于捕捉杀机。

▲ 棋王卡斯帕罗夫

卡斯帕罗夫输掉这场人机大战在社会上引起了轩然大波，引出了两种不同的观点：一部分人对此深感悲观，甚至惊恐不安，就像一些人对克隆技术感到害怕一样。另外一些人则只是对这一结果感到不愉快，但他们认为这未必不是好事。

首先，比赛的结果不足以说明电脑就战胜了人脑，因为电脑的背后是一大批计算机专家。这些专家经过多年的努力，培养出来一个世界超级电脑棋手。电脑的进步表明人类对人脑的思维方式有了更深入的了解。从科学意义上讲，人机大战只是一项科学实验。

其次，虽然电脑在棋盘上战胜了人类，但这并不会封杀国际象棋艺术，相反许多棋坛人士从人机大战中看到了国际象棋的新机遇。他们认为，如果在今后的国际象棋比赛中，棋手们可以使用计算机，通过高科技手段检验我们认为天才而又过分大胆的棋招。

人类发明的机器可以分为两类："体能机器"和"智能机器"。体能机器如汽车、飞机等，已经得到了公众的赞许，但智能机器却得到完全不同的反应。向来都自以为智商最高的人类，却在智力游戏中输掉了。

机器人开始让人类重新认识自己，在自我否定的同时，人类会更进一步地去开辟新的天地。

■ 3.和谐相处——机器人是人类的助手和朋友 ■

在科幻小说和电影电视中，我们对机器人作战的场面已不陌生。机器人不外乎分为两种，一种是人类的朋友，协助正义战胜邪恶；另一种则是人类的敌人，给世界带来灾祸。

英国雷丁大学教授凯文·渥维克是控制论领域知名专家，他在《机器的征途》一书中描写了机器人对未来社会的影响。他认为50年内机器人将拥有高于人类的智能。机器人在某些方面确实比人类强，比如：速度比人快，力量比人大等；但机器人的综合智能较人类还相去甚远，还没有对人类形成任何威胁。

▲ 航天飞机

但这是否说明人类永远能控制或战胜自己的创造物呢？现在还不得而知。这些预见从另一个角度给人们敲响了警钟，不要给自己创造敌人。克隆技术的出现，在社会上引起了很大的争议，大多数国家禁止克隆人。对于机器人还没有到这种地步，因为现在的机器人不仅未对我们构成威胁，而且给社会带来了巨大的裨益。对于一些对人类有害，如带攻击武器的军用机器人应有所选择并限制其发展，我们不应将生杀大权交给机器人。

随着工业化的实现，信息化的到来，我们开始进入知识经济的新时代。创新是这个时代的原动力。文化的创新、观念的创新、科技的创新、体制的创新改变着我们的今天，并将改造我们的明天。

新旧文化、新旧思想的撞击和竞争，不同学科、不同技术的交叉

和渗透，必将迸发出新的精神火花，产生新的发现、发明和物质力量。机器人技术就是在这样的规律和环境中诞生和发展的。科技创新带给社会与人类的利益远远超过它的危险。机器人的发展史已经证明了这一点。

机器人的应用领域不断扩大，从工业走向农业、服务业；从产业走进医院、家庭；从陆地潜入水下、飞向空间……机器人展示出它们的能力与魅力，同时也表示了它们与人类的友好与合作。

作为 20 世纪自动化领域的重大成就，机器人已经和人类社会的生产、生活密不可分。我们完全有理由相信，21 世纪像其他许多科学技术的发明发现一样，机器人也应该成为人类的好助手、好朋友。

知 识 链 接

南极科考机器人

在中国第 24 次南极科学考察队有一个新成员，这就是重达 300 千克的冰雪面移动机器人——极地开拓 1 号，它可自行跨越冰裂缝、翻越雪坡和雪丘。极地开拓 1 号最大作业半径为 25 千米，可搭载 40 千克的重量，拖曳 100 千克的重量。

记里鼓车

在1800年前的汉代,大科学家张衡发明了记里鼓车。据记载,记里鼓车分上下两层,上层设一钟,下层设一鼓。记里鼓车上有小木人,头戴峨冠,身穿锦袍,高坐车上。车走十里,木人击鼓一次,当击鼓十次,就击钟一次。

海洋气象观测机器人

海洋气象观测机器人观测的主要项目有风向、风速、气压、气温、日照量、水温、含盐量、流向、流速和波浪。

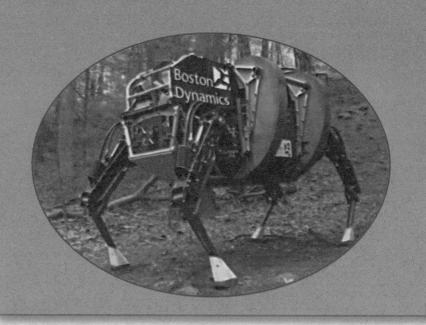

第二节 未来之路——机器人研究前沿

机器人研究技术不断深入，人们对其应用也逐渐延伸和扩展，这都大大促进了社会的进步和发展。

1. 仿人机器人

模仿人的形态和行为而设计制造的机器人就是仿人机器人，一般分别或同时具有仿人的四肢和头部。它具有人类的外观，可以适应人类的生活和工作环境，代替人类完成各种作业，并可以在很多方面扩展人类的能力，在服务、医疗、教育、娱乐等多个领域得到广泛应用。

人类现在所创造的机器人大多并不像人，因此要完全实现高智能、高灵活性的仿人机器人还有很长的路要走。而且，人类对自身也没有彻底地了解，这些都限制了仿人机

器人的发展。

仿人机器人研究集机械、电子、计算机、材料、传感器、控制技术等多门科学于一体，代表着一个国家的高科技发展水平。因此，世界发达国家都不惜投入巨资进行开发研究。日、

▲ 仿人机器人

▲ 仿人机器人乐队

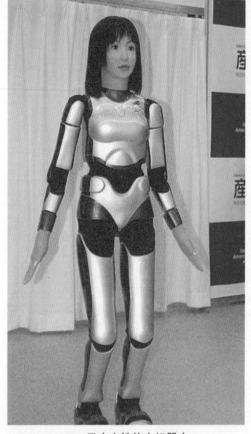

▲ 日本女性仿人机器人

美、英等国都在研制仿人形机器人方面做了大量的工作，并已取得突破性的进展。

1996年11月，本田公司研制出了自己的第一台仿人步行机器人样机——"P2"；一年后又推出了"P3"机器人；2000年11月则推出了最新一代的仿人机器人"ASIMO"。

仿人机器人"ASIMO"是目前最先进的仿人行走机器人。它身高1.2米，体重52千克。它可以实时预测下一个动作并提前改变重心，因此可以行走自如，进行诸如"8"字形行走、下台阶、弯腰等各项"复杂"动作。此外，"ASIMO"还可以握手、挥手，甚至可以随着音乐翩翩起舞。

在2005年爱知世博会上，大阪大学展出了一台名叫Repliee Q1expo的女性机器人。这个机器人的外形复制自日本新闻女主播藤井雅子，动作细节与真人极为相似。参观者很难在较短时间内发现这其实是一个机器人。

美国麻省理工学院研制出了仿人形机器人"科戈"，德国和澳洲共同研制出了装有 52 个汽缸，身高 2 米、体重 150 千克的大型机器人。

我国在仿人形机器人方面做了大量研究，并取得了很多成果。比如国防科技大学研制成了双足步行机器人，北京航空航天大学研制成了多指灵巧手，哈尔滨工业大学、北京科技大学也在这方面做了大量深入的工作。

■ 2. 纳米机器人 ■

纳米机器人是根据分子水平的生物学原理为设计原型，设计制造可对纳米空间进行操作的"功能分子器件"。纳米生物学的近期设想，是在纳米尺度上应用生物学原理，发现新现象，研制可编程的分子机器人。

纳米机器人涉及的内容可归纳为以下三个方面：

（1）在纳米尺度上了解生物大分子的精细结构及其与功能的联系。

（2）在纳米尺度上获得生命信息，例如利用扫描隧道显微镜获取细胞膜和细胞表面的结构信息等。

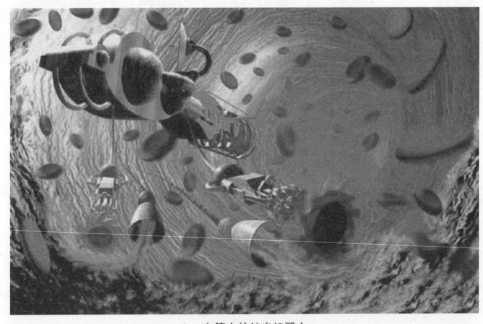

▲ 血管中的纳米机器人

（3）纳米机器人是纳米生物学中最具有诱惑力的内容。

第一代纳米机器人是生物系统和机械系统的有机结合体，这种纳米

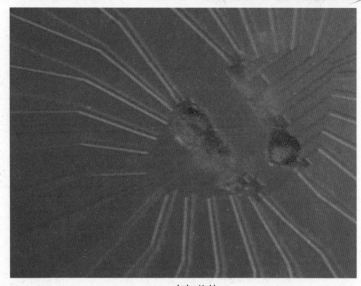

▲ 人与芯片

机器人可注入人体血管内，进行健康检查和疾病治疗，还可以用来进行人体器官的修复工作，做整容手术，从基因中除去有害的 DNA，或把正常的 DNA 安装在基因中，使机体正常运行。

第二代纳米机器人是直接从原子或分子装配成具有特定功能的纳米尺度的分子装置。

第三代纳米机器人将包含有纳米计算机，是一种可以进行人机对话的装置。这种纳米机器人一旦问世将彻底改变人类的劳动和生活方式。

用不了多久，个头只有分子大小的纳米机器人将源源不断地进入人类的日常生活。它们将为我们制造钻石、舰艇、鞋子、牛排和复制更多的机器人。要它们停止工作只需启动事先设定的程序。

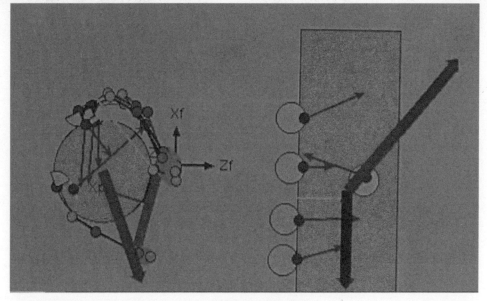

▲ 机器人内部示意图

从表面来看，上述想法近乎不可思议：一项单一的技术在应用初期就能治病、延缓衰老、清理有毒的废物、扩大世界的食物供应、筑路、造汽车和造楼房。这并非天方夜谭，也许在21世纪中叶前就可以实现。现在，全世界的研究机构都在想方设法并努力将这些设想变成现实。

3. 机器人产业

2010年6月8日在德国慕尼黑举办的国际机器人和自动化技术贸易博览会。这次国际机器人和自动化技术贸易博览会是世界上最大的机器人展览会，向大家展示了一系列设计制造独特、有创新和实用价值的机器人，不是追求表面的展示效果，而是向他们提供个人定制的设计方案。

目前在中国，上海机器人产业规模最大，在全国名列第一。国际上机器人领域排名前四的 ABB、FANUC、KUKA、安川等均在上海设有机构。ABB 机器人事业总部已落户上海，机器人的年产量达 6000 台，上海将拓展机器人系统集成应用，使上海发展成为我国最大的机器人产业基地、机器人核心技术研发中心、高端制造中心、服务中心和应用中心。

4. 机器人三定律

美国著名科幻小说家艾萨克·阿西莫夫在小说中提出的"机器人三定律"，也就是后来科技界认同的"三条定律"，规定在程序设计上所有机器人必须遵守：

▲　机器人探测外星

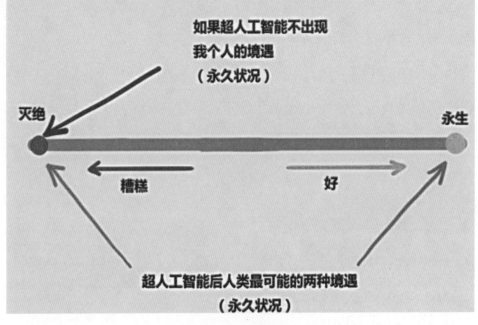

如果超人工智能不出现
我个人的境遇
（永久状况）

灭绝　　　　　　　　　　　　　　　　永生

槽糕　　　　　　　　好

超人工智能后人类最可能的两种境遇
（永久状况）

▲　人工智能状况

（1）机器人不得伤害人类，或无视人类受到伤害；

（2）机器人必须服从人类的命令；

（3）机器人必须保护好自己。

5. 人类与机器人

随着社会的不断发展，各行各业的分工越来越明细，一些重复机械的工作让人们强烈希望用某种机器代替自己工作，因此科学家开始研制出了机器人，用以代替人们去完成那些单调、枯燥或是危险的工作。由于机器人的问世，使一部分工人失去了原来的工作，于是有人对机器人产生了敌意，认为"机器人上岗，人将下岗"。

美国是机器人的发源地，但是机器人的数量却少于日本，其原因就是因为美国有些工人不欢迎机器人，从而抑制了机器人的发展。日本之所以能迅速成为机器人大国，原因是多方

▲　宇航器

面的，但其中很重要的一条就是日本劳动力短缺，政府和企业都希望发展机器人，国民也都欢迎使用机器人。由于使用了机器人，日本也尝到了甜头，它的汽车、电子工业迅速崛起，很快占领了世界市场。从世界工业发展的历史看，尤其是工业 4.0 时代，发展机器人是一条必由之路。没有机器人，人将变为机器；有了机器人，人仍然是主人。

蚯蚓机器人

蚯蚓机器人既可自由组合，又能独当一面。

面对地震废墟，人员被埋。生命探测仪发现幸存者，但又无法准确定位以便搜救，怎么办？北京信息科技大学学生赵旭设计的具有完全自主知识产权的"搜救机器人"，将有效解决这一问题。

这种机器人外观如同蚯蚓一般，"皮肤"上分布着各种感应器件，可以像"变形金刚"一样进入各种狭小的空间。在光线不明的区域，机器人装有带灯光的摄像头，能够通过摄像头获取的画面迅速建立位置地图，并实现画面数据传输与自主导航功能。此外，机器人的"身体"内将装备超声波、温度、湿度、有害气体感应器等设备，还能感知动物的生命体征。

"蚯蚓"机器人的最大的特点就是进入搜救现场后，即使遭遇突发状况被拦腰斩断，它仍能"顽强"前进或者退出，顺利完成任务。"我们从蚯蚓身上找到了灵感，把机器人分成三部分，每个部分都装有传感器、驱动系统等，这样在地震、矿难等恶劣条件下，即使机器人一部分被外力破坏，剩余的部分仍可以继续执行任务。"

6.机器人行业有什么发展？

2015 年 5 月，"中国制造 2025"明确将机器人列入大力推动突破发展十大重点领域之一；2016 年上半年，《机器人产业发展规划（2016-2020 年）》的发布，为中国机器人产业发展描绘了清晰的蓝图。各级地方政府配合出台相关措施、进行顶层设计、兴建机器人产业园等多项政策支持。

据统计，2015 年全球机器人公司总计获得 5.87 亿美元投资，同比增长 115%。在过去的 7 年中，70 多家公司进行了融资，为研发新的实用的机器人提供了强大的经济支持和保障。

7.什么是平台机器人？

平台机器人是在不同的场景下，提供不同的定制化智能服务的机

器人应用终端。从外观设计、硬件、软件、内容和应用，都可以根据用户场景需求进行定制。

■ 8.平台机器人都有哪些功能？

场景化、定制化：根据用户需求，从外观、硬件、软件、到内容和应用，都可场景化定制，真正可做到"机器人＋各行各业"，为客户创造价值，改善体验，提升效率。

人工智能：集管家、保镖、秘书多重身份于一身，拥有自主学习功能，在不同的场景下都能提供人工智能服务。

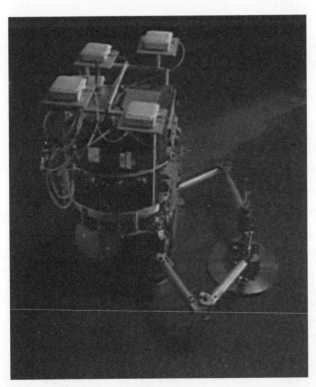

▲ 学习机器人

家用价值：基于家庭应用场景，提供消费、娱乐和教育等智能化服务。会说多种语言，拥有多种运动能力和超强的学习能力。

商用价值：商用平台机器人能为百行百业带来场景化的深度定制，为客户提供更优质、便捷的云端

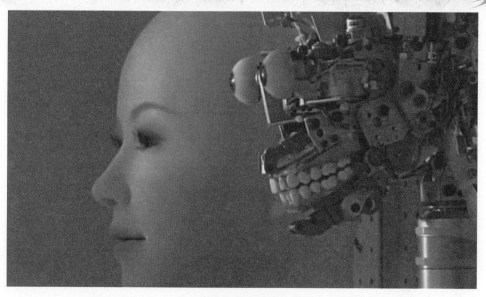

▲　机器人的大脑

空间和服务资源，实现人、智能硬件、应用场景之间的无缝衔接，在更多场景创造更大价值。

9. 国内发展如何？

据不完全统计，2015 年国内机器人企业超过 4000 家，我国服务机器人销售额为 20 亿元。

案例：2016 年 8 月，三宝平台机器人首家线下体验店，正式落户深圳市宝安区。三宝平台机器人由机器人终端、手机客户端、云服务端组成，将机器人、APP、智能硬件和丰富在线内容一体化融合，为人们带来更全面、更丰富的人工智能体验。实现"硬件、APP、云服务"三位一体生态。

10. 未来将迎来百亿市场

根据《机器人产业发展规划（2016–2020年）》的要求，到2020年，以平台型智能服务机器人为代表的服务机器人的年销售收入在300亿元以上，预计2016–2020年复合增长率为71.8%。不管是民用、商用，还是航空航天等领域，机器人的市场都很广阔。

图片授权

全景网

壹图网

中华图片库

林静文化摄影部

敬　启

本书图片的编选，参阅了一些网站和公共图库。由于联系上的困难，我们与部分入选图片的作者未能取得联系，谨致深深的歉意。敬请图片原作者见到本书后，及时与我们联系，以便我们按国家有关规定支付稿酬并赠送样书。

联系邮箱：932389463@qq.com